Dagmar Lang-Vetter

Der BORDER COLLIE als Familienhund

Müller Rüschlikon

Einbandgestaltung: R2 I Ravenstein, Verden

Titelbild: Petra Fiedler
Alle Fotos: Petra Fiedler (falls nicht anders am Bild vermerkt)

ISBN 978-3-275-02245-8

Postfach 103743, 70032 Stuttgart
Ein Unternehmen der Paul Pietsch Verlage GmbH & Co. KG

1. Auflage 2022

Sie finden uns im Internet unter www.mueller-rueschlikon-verlag.de

Gesamtleitung: Claudia König
Innengestaltung: R2 I Ravenstein, Verden
Druck und Bindung: Graspo CZ, 76302 Zlin
Printed in Czech Republic

Inhalt

Die **Protagonisten**

Alec

Blue

Charly

Columbo

Daisy

Delia

Holly

Joy

Karo

Lucy

Mogli

Nala

Noodles

Piccolina

Queenie

Ranger

Scully

Seven

Shadow

Skye

Taff

Vicky

Wolfi

Zumba

Dagi und Cattle-Dog-Mix-Hündin Jazz.

Mein eigenes Vorwort

Wenn Sie dieses Buch nur rasch durchblättern, werden Sie feststellen, dass es sehr viel um Kontrolle, Ruhe und Impulskontrolle des Hundes geht. Um *Ihr* ruhiges Verhalten geht es aber auch. Leider …
Glauben Sie mir, ich würde auch lieber ein von Sonne durchflutetes Buch über den Border Collie schreiben.
Gesagt sei jedoch: Wenn Sie der richtige Mensch für den Border Collie sind, werden Sie einen traumhaften Begleiter an Ihrer Seite haben, mit und ohne Sonne.

P.S.: Manches wiederholt sich in diesem Buch. Das liegt aber nicht an meiner verwirrten Schreibweise, sondern an der Wichtigkeit des Themas.

* In das Buch haben sich zwei Australian Shepherds eingeschmuggelt. Wer findet sie? Auflösung am Ende des Buches. Sie gewinnen … nichts.

Kurze Einleitung

Die Beliebtheit der Border Collies nimmt kein Ende. Ich habe das Gefühl, dass sie sogar stetig zunimmt. Der Border Collie wird als Sporthund, Familienhund, als Allrounder im Alltag und vor allem als leichtführig angepriesen.

Seine Bereitschaft, etwas zu tun, seine Wendigkeit und Schnelligkeit sowie seine rasante Auffassungsgabe, gepaart mit seiner Trainierbarkeit, Lernbereitschaft und Lebenslust, wecken bei vielen Hundeliebhabern den Wunsch nach dieser Rasse. Jeder, der einen Border Collie hat, wird dies bestätigen.

Charly, Joy, Delia, Skye und Nala (v.l.n.r.)... eine Rasse und doch so unterschiedlich.

Bereits an dieser Stelle möchte ich ausdrücklich feststellen: **Der Border Collie ist ein Arbeitshund.** Er ist weder ein Sporthund, noch ein Allrounder oder ein reiner Familienhund, wie so viele andere Rassehunde es übrigens auch nicht sind. Mit diesem Buch möchte ich Hundefans, die sich für diese Rasse interessieren, gezielt informieren und dabei unterstützen, dass der Traum vom Leben mit einem Border Collie nicht in einem Albtraum endet. Ich habe hier die aus meiner Sicht wesentlichen Punkte zusammengestellt.

Traumpaar Joy und Gisela

Keine guten Voraussetzungen für die Haltung eines Border Collies

- Sie sind voll berufstätig und müssen Ihren Hund die Woche über täglich

mehrere Stunden in einer Hundetagesstätte lassen (ist selbsterklärend).

- Sie haben wenig Zeit für ausgiebige Spaziergänge (ist selbsterklärend).
- Es leben kleinere Kinder im Haus (kann funktionieren, muss es aber nicht).
- Ihr Tagesablauf ist sehr durchgetaktet (Sie sollten flexibel sein).
- Es kümmern sich, neben den Familienmitgliedern, regelmäßig unterschiedliche Personen um den Border Collie (bringt den Hund durcheinander).
- Sie haben bereits einen Hund, der mit Artgenossen Probleme hat (der Border Collie könnte das Verhalten übernehmen oder der Ersthund den Border Collie dauerhaft ablehnen). Was dann?
- Sie haben bereits einen Hund, der nicht gut folgt (doppelte Dynamik ist vorprogrammiert).
- Sie sind wenig aktiv oder haben keine Lust auf Spaziergänge? (das ist nicht machbar mit einem Border Collie).
- Sie sind viel unterwegs. Ihr Border Collie darf zwar mit, aber Sie haben wenig Zeit, um ihn ausreichend zu bewegen (ist selbsterklärend).
- Sie wollen einen Border Collie, um Hundesport zu machen (was machen Sie, wenn Ihr Border Collie das nicht möchte?).

Charakterkopf Skye

Mia ... Ällabätsch, null Bock auf Sport

Der Border Collie – eine feine Kurzbeschreibung, die alles sagt

Um diese Hunde wirklich verstehen zu können, muss man ihre eigentliche Aufgabe kennen.
Der Border Collie gehört zu den Herdengebrauchshunden (hierzulande ist er eher ein »Koppel«gebrauchshund). Das bedeutet, dass er ohne Markierungen

und zum Teil mit großem Abstand, auch oft selbstständig, außer Sicht- und Hörweite, das Vieh zu seinem Menschen bringt. Er hat die Fähigkeit, sich auch auf große Distanzen von seinem Menschen lenken zu lassen. Das macht ihn besonders und unersetzlich.

Border Collies gelten als extrem sensibel. Zudem sind sie sehr kooperativ und gut führig. Dies ist wichtig für ihre hohe Trainierbarkeit, denn nur so sind die Hunde auch aus der Ferne lenkbar. Der Border Collie ist ein Spezialist auf vier Beinen und ein »Mix aus Genie und Wahnsinn«. Seine Sensibilität bezieht sich auf seine Trainierbarkeit und sollte nicht mit sensibel im herkömmlichen Sinne gleichgesetzt werden. Der Border Collie kann ziemlich unsensibel und schwer lenkbar werden, wenn die Führung durch den Halter nicht gegeben ist.

WICHTIG

Dem Border Collie mangelt es an Impulskontrolle. Ein Hauptteil seiner Ausbildung an Vieh besteht darin, dass er sich kontrollieren, lenken und bremsen lässt.

Wenn Sie sich einen Border Collie anschaffen möchten, sollten Sie nicht zuerst zu einem Züchter gehen, der verständlicherweise seine Hunde verkaufen möchte, sondern zu einem Schafhalter. Diesem sollten Sie einige Zeit über die Schulter schauen. Alternativ können Sie auch ein gut gemachtes Hüteseminar oder eine Hüteprüfung besuchen. Wenn Sie diese Hunde in Aktion sehen, dann merken Sie erst, was sie zu leisten

Taff Under Control

Taff immer am Start

Mogli und Andrea. Zumindest Andrea freut sich.

vermögen. Im Anschluss sollten Sie sich dann fragen: »Was kann ich solch einem Spezialisten bieten?« Wahrscheinlich wird Ihre Antwort dann »Nichts!« sein. Bedenken Sie auf jeden Fall, dass man einen Border Collie in privater Hand niemals seiner Neigung gemäß beschäftigen kann. Letztlich ist er »arbeitslos«! Und doch kann das Zusammenleben mit ihm wunderbar klappen.

Diese Hunde benötigen eine extrem konsequente (damit ist nicht Härte gemeint!) und gut durchdachte Aufzucht, Erziehung und Führung, damit es zu keinem Fehlverhalten kommt. Die Arbeitsbereitschaft eines Border Collies kann permanent bedient und eingefordert werden. Wo Action ist, da sind diese Hunde. Oft erfüllen sie unaufgefordert Aufgaben, die sich ihnen bieten. Das sollte natürlich nicht passieren. Egal, wie müde ein Border Collie ist, es reicht eine Kleinigkeit, ihn wieder »einzuschalten«.

Border Collies haben ganz viele »Einschaltknöpfe«, aber nur einen »Ausschaltknopf«, der oft nicht funktioniert. Dieser muss vom Halter programmiert werden, damit er ihn aktivieren kann.

GUT ZU WISSEN

Beim Border Collie kann die Bereitschaft, etwas zu tun, über die lebensnotwendigen Bedürfnisse wie Fressen, Schlafen, Trinken oder Sich-Lösen hinausgehen. So lange die »Aufgabe« präsent ist, lässt sich das Höchstmaß an Bereitschaft schlecht bis gar nicht abstellen.

Oft wird dem Halter eines Border Collies gesagt: »Was der Border Collie nicht kennengelernt hat, wird er nicht vermissen (zum Beispiel Schafe)«.
Man darf dabei aber nicht außer Acht lassen, wofür dieser Hund gezüchtet wird. Die Anlagen sind mit und ohne Schafe vorhanden. Der Border Collie ist ohne Schafe nicht weniger anspruchsvoll. Viele Verhaltensprobleme dieses Hundes in privater Hand hängen nun mal mit seinem Hüteverhalten und seinem Lebensmotto »allzeit bereit« zusammen. Sind Sie allzeit bereit, sich ohne Wenn und Aber auf diesen Spezialisten und seine Bedürfnisse einzulassen? Ja? Sicher? Dann freut es mich, wenn Sie weiterlesen.

Dreamteam Marvin und Skye

Ein Border Collie soll es sein

Ihr Border Collie wird bei Ihnen mehr Begleit- und Familienhund sein und sollte sich gut in Ihren Alltag integrieren lassen. Die Wahl eines anerkannten Züchters macht dabei sehr viel aus. Er formt Ihren Border Collie in der ersten Zeit.

Der/Die Züchter*in

Positive Kriterien:

- Die Hündin ist nicht jünger als drei Jahre bei ihrem ersten Wurf.
- Die Trächtigkeit verlief entspannt.
- Die Hündin ist freundlich und aufgeschlossen und muss nicht weggesperrt werden, wenn Sie die Welpen ansehen möchten.
- Die Welpen dürfen erst ab der dritten Lebenswoche besucht werden.
- Es findet keine Massenbesuchsveranstaltung beim Züchter statt.
- Die Welpen wachsen in Haus und Garten auf.
- Die Welpen lernen von Anfang an ganz nebenbei verschiedene Geräusche kennen.

Rüde Charly

- Die Welpen sind den Kennel (Box) gewohnt.
- Die Welpen sind tierärztlich komplett untersucht, gechipt, entwurmt und geimpft.
- Beide Elterntiere sind beide MDR +/+ und somit gesund und keine Träger des MDR1-Defekts.
- Es gibt ausreichende Informationen zu beiden Elterntieren.
- Die Welpen wachsen nicht reizarm, aber auch nicht überreizt auf.
- Der Züchter wählt den für Sie passenden Hund aus.
- Die Welpen sind neugierig und voller Tatendrang.
- Die Welpen schlafen auch, wenn Interessent*innen vor Ort sind.
- Es gibt nicht mehrere Würfe zu selben Zeit, denn nur so kann sich der Züchter diesem einen Wurf ausreichend widmen.
- Die Welpen haben positiven Kontakt zu Kindern.
- Die Welpen haben Rückzugsmöglichkeiten.
- Ein guter Züchter züchtet nicht nach Farbe und Aussehen.
- Der Züchter weist ausdrücklich auch auf die schwierigeren Eigenschaften der Hunderasse hin.

Kurzhaar-Border-Collie Taff is in the House.

- Alle Ihre Fragen, auch die kritischen, werden vom Züchter stets gerne und ausführlich beantwortet.
- Der Züchter nimmt den Hund wieder zurück, sollte es Probleme geben (Rückkaufsrecht).
- Die Welpen werden nicht vor der achten Lebenswoche abgegeben.
- Der Züchter hält nach der Abgabe des Welpen Kontakt mit Ihnen.
- Der Züchter ist eingetragen und die Papiere seiner Hunde zeigen eine hohe Transparenz zur Nachverfolgung. Wer mit wem und woher (Ahnentafel).

Noodles stammt aus einer Merle x Merle-Verpaarung und wurde taub geboren.

Negative Kriterien: Egal, wie niedlich die Welpen sind, Finger weg

- Der Züchter versichert Ihnen, dass seine Hunde keinen »Hütetrieb« haben.
- Die Hündin ist unter drei Jahre alt.
- Die Hündin hat jedes Jahr einen Wurf.
- Es sind mehrere Würfe gleichzeitig vorhanden.
- Die Welpen dürfen bereits vor der dritten Lebenswoche besucht werden.
- Die Hündin muss weggesperrt werden, wenn Interessenten kommen.
- Es sind viele Interessenten gleichzeitig vor Ort.
- Die Hündin ist hektisch und bellt viel.
- Die Hündin ist sehr unterwürfig und unsicher.
- Sie dürfen die Mutterhündin nicht kennenlernen oder nur von weitem sehen.
- Die Welpen verkriechen sich.
- Die Welpen wachsen reizarm und ausschließlich im Zwinger auf.
- Die Welpen lernen wenig kennen.
- Die Welpen sind tierärztlich nicht ausreichend versorgt und untersucht.
- Die Hündin zeigt wenig Interesse an den Welpen und ist unangemessen heftig im Umgang mit diesen.
- Die Elterntiere sind MDR +/- oder -/-.
- Zu den Elterntieren gibt es wenig bis keine Infos.

- Es ist eine Merle x Merle-Verpaarung (kranke und taube Hunde sind das Ergebnis).
- Der Züchter ist nirgendwo eingetragen und die Papiere sind nicht aussagekräftig.
- Der Züchter nimmt sich wenig Zeit und stellt kaum Fragen an Sie.

MDR1-Defekt bei Hütehunderassen

Text: Tierärztin Dr. Andrea Kaspar

Der MDR1-Transporter ist ein Protein im Körper (P-Glycoprotein) mit der Funktion, Arzneimittel und Fremdstoffe daran zu hindern, aus dem Blut in das Gehirn überzutreten. Der Transporter kann also zum Beispiel ein im Blut zirkulierendes Antiparasitikum wie Ivermectin davon abhalten, in das Nervengewebe des Hundes zu gelangen. Dadurch werden unerwünschte Nebenwirkungen des Medikamentes vermieden. Der Transporter kommt auch in anderen Organen vor, wie beispielsweise dem Darm, und wirkt dort ebenfalls als Barriere gegen giftige Substanzen.

Ein Gendefekt kann jedoch dazu führen, dass der MDR1-Transporter ausfällt. Je nach Schweregrad der Ausprägung gibt es Hunde mit einem teilweisen Defekt des Gens (MDR1 +/-) oder einem vollständig defekten Gen (MDR1 -/-). Alle Träger des Defektes können diesen weitervererben. Man sollte bei der Auswahl des Züchters unbedingt darauf achten, dass die Elterntiere beide auf den Defekt getestet und frei davon sind (MDR1 +/+). Der Test erfolgt über eine einfache Blutentnahme.

Hunde mit einem defekten Gen reagieren auf zahlreiche Medikamente mit Unverträglichkeitsreaktionen bis hin zu Vergiftungserscheinungen, die im schlimmsten Falle sogar tödlich enden können. Zu den Medikamenten, die Probleme hervorrufen können, zählen unter anderem bestimmte Antiparasitika, Antibiotika, Schmerzmittel und Narkosemedikamente. Hunde mit dem Gendefekt dürfen diese Medikamente nicht oder nur in reduzierter Dosis erhalten. Für diese Tiere gibt es aber sichere andere Medikamente.

Darüber hinaus sind Hunde mit dem Gendefekt deutlich weniger stressresistent als gesunde Hunde.

(Mealey et al., 2007: Comparison of the hypothalamic–pituitary–adrenal axis in MDR1-1Δ and MDR1 wildtype dogs). Weitere Informationen zum Thema MDR1 finden Sie unter https://mdr1-defekt.transmit.de

Dagi und Skye ... Vertrauen ist die Basis.

Tätigen Sie keinen Gelegenheitskauf und versuchen Sie rational zu bleiben (ist in der Realität schwer). Lassen Sie Ihre Kinder beim Erstbesuch zuhause (glauben Sie einer Dreifach-Mutter mit 4 Hunden). Holen Sie sich Rat bei Ihrem Hundetrainer oder bitten Sie diesen, Sie beim Züchterbesuch zu begleiten. Bedenken Sie: Der Hund begleitet Sie ca. 12 bis 15 Jahre, wenn hoffentlich alles gut läuft. Es sollte für alle Beteiligten stimmig sein. Viele Hundehalter haben eine genaue Vorstellung davon, welche Eigenschaften ein Hund haben und was er können sollte. Ich drehe das Ganze nun einmal um und erwähne hier, was sich der Hund von *Ihnen* wünscht. Und das hat an dieser Stelle nichts mit Beschäftigung zu tun.

Ihr Hund braucht eine Basis

Basis schaffen bedeutet für den Menschen: Führen lernen (hat nichts mit Dominanz zu tun)

- Soziale Kompetenz beweisen.
- Regeln definieren und einfordern (Erziehung).
- Entscheidungen treffen. Gefahrenerkennung, -abwehr und -vermeidung.

- Jederzeit Schutz bieten.
- Ruhe vermitteln und einhalten können.
- Planbar für den Hund sein.
- Zeit mit dem Hund verbringen.

Basis haben bedeutet für den Hund:
- Seinem Menschen vertrauen können.
- Stabilität.
- Hilfe bei unangenehmen Situationen.
- Orientierung an seinen Menschen.
- Grenzen erfahren.
- Mit Artgenossen kommunizieren können.

Für Hündin Holly ist Franziska der sichere Hafen.

- Einen Ruhe- und Rückzugsort zu haben.
- Bei seinem Menschen sein.

Klare und sinnvolle Regeln geben Sicherheit, Stabilität und sorgen für eine vertrauensvolle und sichere Basis und Bindung zwischen Hund und Halter. Die Regeln setzt der Mensch. Wenn er sie nicht setzt, muss er mit den Konsequenzen leben. Der Mensch, nicht der Hund!
Liebevolle Konsequenz ist das Zauberwort, was so viel bedeutet wie: sich konsequent, aber ruhig und geduldig durchzusetzen. Der Mensch, nicht der Hund!
Schaffen Sie erst ein Miteinander, bevor Sie mit Ihrem Border Collie im Hundesport auf Pokalfang gehen. Und ein Miteinander geht nur mit einem stabilen Grundgerüst.

Ein Borderchen zieht ein ...

Genießen Sie Ihren Welpen, auch wenn ab und zu Chaos herrscht.
Viele Gedanken, die ein Hundehalter hat, gelten im Vorfeld dem Equipment. Und schon hat man, ungefragt, eine Menge Tipps. Das Forschen im Internet macht es nicht besser. Chaos pur, was brauch ich nur?

Wer kann Welpe Columbo widerstehen?

Was Sie wirklich brauchen

- Eine Hundehaftpflichtversicherung vom ersten Tag an.
- Einen Ruhebereich im Haus, der nicht allzu groß ist und nicht ständig von Menschen frequentiert wird. Es empfiehlt sich, vor allem wenn kleinere Kinder im Haus sind, einen Bereich für den Hund abzutrennen. Dieser Bereich

Lucy … hä?

ist tabu für alle Familienmitglieder und Besucher. Denn es ist der Auszeit- und Ruhebereich des Hundes. Bitte den Ruhebereich so legen, dass der Hund in der Nähe seiner Menschen ist. Er ist mit dabei, hat aber trotzdem die nötige Ruhe.

Piccolina mit nicht verschluckbarem Kauknochen. (Privatarchiv)

Herdenschutzhund-Mix Emil und Border Collie Mogli haben ihre Ruhe.

- Einen Korb oder ein Kissen oder eine Decke. Achtung: Flechtkörbe werden gerne zerlegt. Okay – eigentlich wird alles gerne zerlegt.
- Kauzeug, damit nichts anderes auseinandergenommen wird. Wählen Sie bitte große Kausachen, die nicht schluckbar sind. Entfernen Sie die Sachen, wenn sie so klein sind, dass Ihr Hund sie verschlucken kann. Das Kauzeug gibt es für den Welpen nur im Ruhebereich und auch nur dann, wenn Sie zuhause sind, damit Sie ein Verschlucken verhindern können. Große Kauwurzeln haben sich als sehr praktisch erwiesen.
- Zwei rutschfeste Näpfe (einen für Futter, einen für Wasser).

Columbo, der Weltentdecker!

- Bitte keine Näpfe, die eine spiegelnde Oberfläche zulassen, wie beispielsweise Edelstahlnäpfe. Es könnte sein, dass der Border Collie versucht, die sich spiegelnde Oberfläche zu »hüten« oder zu jagen/fangen. Das sieht lustig aus, ist es aber nicht. Am besten sind rutschfeste Keramiknäpfe ohne Schnickschnack und ohne Bild auf dem Grund.
- Ein Halsband zum Verstellen, damit es mitwachsen kann, und eine nicht verstellbare Leine. Warum (noch) kein Geschirr? Weil der Hund sehr schnell wächst und somit ständig ein neues Geschirr gekauft werden müsste. Geschirre, die »mitwachsen«, sind nicht zu empfehlen. Das Geschirr muss immer wieder neu eingestellt werden und die Schnallen zum Erweitern oder Verkleinern befinden sich oft an Stellen, die für den Hund unangenehm sind, wenn Druck auf sie ausgeübt wird. Durch Schmerz kann auch sein Gang behindert werden. Damit Sie verstehen, was ich meine: Ein schlecht sitzendes Geschirr ist wie ein schlecht sitzender BH oder zu enge Unterwäsche. Ein Geschirr muss immer so sitzen, dass kein Bereich des Hundekörpers falsch belastet wird. Und das ist bei einem Welpen/Junghund im Wachstum schwer umsetzbar.

Aus diesem Grund empfehle ich Halsband und Leine, auch wenn verschiedene Hundetrainer jetzt möglicherweise aufschreien werden.

Warum keine verstellbare Leine? Ihr Welpe muss erst lernen, an der Leine zu gehen, ohne zu ziehen. Wenn Sie ständig die Leine verlängern, damit der Zwerg mehr Raum zum Schnüffeln hat, und dann wieder verkürzen, weil es nervt, wenn er ständig schnüffelt und zieht, hat dies keinerlei Lerneffekt. Es reicht anfangs eine Länge, denn sobald der Radius zu Ende ist, geht es für den Hund nicht weiter. Mehr dazu unter Spaziergang oder »Spaziehgang«.

Das Futter sollte nicht mehrfach umgestellt werden. Anfangs empfiehlt es sich, das Futter des Züchters anzubieten, sofern der Hund dies gut verträgt. Später, etwa ab dem siebten Monat, geht man weg vom Welpen- oder Junghundefutter und von energiereicher Ernährung. Sie kann durchaus zu Hyperaktivität beim Hund führen. Die Hundeernährung ist ein weitreichendes Thema. Man wird als Hundehalter mit Informationen und guten Ratschlägen geradezu überschüttet. Um das richtige Futter für seinen Hund zu wählen, sollte man sich umfassend beraten lassen. Wenden Sie sich daher am besten an einen Fachtierarzt für Ernährung, der dieses Thema von der Pike auf beherrscht. Er kann Sie dauerhaft begleiten, denn das Futter muss immer

wieder neu auf den Bedarf des Hundes und sein Alter angepasst werden. Mit der richtigen Ernährung kann man positiv auf Gesundheit und Verhalten des Hundes einwirken.
Spielzeug sollte nur begrenzt angeboten werden. Achten Sie darauf, dass es welpentauglich ist, also weder verschluckbar noch »schredderbar«. Bitte keine Dinge einsetzen, die selbstständig rollen, wie beispielsweise ein Futterball (Bewegungsreiz, der auch noch durch Futter bestätigt wird). Eigentlich sollten überhaupt keine rollenden oder wippenden Spielzeuge eingesetzt werden. Kaufen Sie auch keinen Ball. Das verleitet Sie nur zum Werfen: Border bringt, Sie werfen, Border bringt, Sie werfen, Border bringt, Sie werfen ... So etwas macht keinen Sinn, sondern den Border Collie süchtig. Zudem soll der Border Collie sein Zuhause nicht als Spiel- und Beschäftigungscenter betrachten. Im Haus ist generell Ruhe angesagt. Das wichtigste Equipment für den Hundehalter: Scheuklappen und Ohrstöpsel, damit Sie die gut gemeinten und ungefragten Ratschläge, die auf Sie einprasseln, besser ignorieren können. Vergessen Sie nie:

Ihr Hund, Ihre Regeln!

Es ist wichtig, für den Welpeneinzug in der Wohnung oder im Haus alles sicher zu gestalten. Dekoartikel wegräumen, Kabel vom Staubsauger einfahren (hier spricht die Erfahrung) und lose Kabel verstauen. Giftige Pflanzen sollten im gesamten Wohnraum unbedingt entfernt werden. Kontrollieren Sie den Gartenzaun, damit der Kleine nicht ausbrechen kann. Schauen Sie sich außerdem gründlich in Ihrem Garten um und stellen Sie ggf. Düngemittel weg, graben Sie giftige Pflanzen aus usw. Alle Treppen sollten durch Gitter gesichert werden. Es ist unfassbar, was Welpen alles entdecken und fressen können. Holen Sie Ihren Welpen am besten tagsüber beim Züchter ab. Er soll sich mit seinem neuen Zuhause bei Tageslicht vertraut machen können. Die ersten Tage sollten ruhig verlaufen. Bleiben Sie mit Ihrem Kleinen zuhause und empfangen Sie auch keine Besucher. Der Welpe ist genug mit dem Kennenlernen des neuen Zuhauses beschäftigt.
Der Ruhebereich ist ein guter Einstieg, um dem Border-Collie-Welpen von Anfang an die nötige Sicherheit und Ruhe zu geben.

GUT ZU WISSEN

Viele Verhaltensprobleme beim Border Collie entstehen durch Überforderung, nicht durch Unterforderung. Das trifft besonders für die ersten Lebensmonate zu.

Mogli … Überforderung sieht anders aus.

Ihr Welpe benötig noch feste Fütterungszeiten und auch die Spaziergänge können noch nicht variabel gestaltet werden. Wenn Ihr Zwerg aber stubenrein ist und das Futter auf wenigere Mahlzeiten umgestellt wird, dann weg mit den Routinen. Gerne beim Füttern mit der Uhrzeit jonglieren und beim Rausgehen ebenfalls. Border Collies neigen dazu, feste Abläufe einzufordern und können

Charly ist nicht arm, hat den Blick aber voll drauf.

dabei dann recht nervig und penetrant werden. Routine ist jedoch empfehlenswert bei der Erziehung nach dem »Wenn ... dann ...«-Prinzip.

Ein Beispiel: Wenn es an der Tür klingelt, **dann** bleibst du an deinem Platz, bis ich das Kommando auflöse. **Wenn** ich Futter hinstelle, **dann** wartest du, bis ich es freigebe.

Geben Sie Ihrem Hund Zuwendung und Sicherheit durch Regeln. Lassen Sie sich nicht von seinem unwiderstehlichen Welpenblick um den Finger wickeln. Denken Sie immer daran, dass dieser Zwerg sehr schnell erwachsen wird und Sie nicht viel Zeit für die Grundsteinlegung haben. Seien Sie IMMER konsequent, egal wie »traurig und arm« Ihr Hund schaut!

Welpengruppen

Welpengruppen sind sinnvoll, sofern sie gut gemacht sind und sich mehrere Trainer um die Welpen und deren Halter kümmern. Ab der zehnten Lebenswoche

und wenn der Hund bereits schon einige Tage bei Ihnen wohnt, können Sie mit Ihrem Welpen eine Welpengruppe besuchen.
Achten Sie bitte darauf, dass der Weg zur Welpengruppe nicht von Reizen durchflutet ist. Vor der Welpengruppe und auch danach sollte Ruhe herrschen. In einer Welpengruppe geht es noch nicht um den ultimativen Gehorsam. Wichtig ist erst einmal, dass Sie und Ihr Hund ein Team werden und Ihr Border Collie mit Artgenossen spielen kann und deren Eigenheiten kennenlernt. Dabei werden Sie von den Trainern vor Ort unterstützt. Sie sollten deren Tipps und Hilfestellungen aber auch zuhause umsetzen.
Die Welpengruppe sollte Spiel-, Ruhe- und Trainingseinheiten beinhalten.
Der Welpe darf dabei aber keinesfalls überfordert werden. Hier sind die Erfahrung und das wache Auge des Trainers gefragt. Achten Sie auch selbst darauf und sagen Sie Ihrem Trainer, wenn Sie das Gefühl haben, dass Ihr Hund JETZT eine Pause braucht.

Reine Spielgruppen sind für Ihren Border Collie tabu!

Die Trainer sollen stets darauf achten, dass Ihr Hund nicht überdreht. Auch wenn man als Hundehalter seinem Hund gerne beim Spielen mit Artgenossen zusieht, ist es sehr wichtig, dass es nur kurze Einheiten sind und immer wieder eine Pause zum Runterkommen eingelegt wird. Viele Hundehalter finden das langweilig, für den Welpen ist es aber immens wichtig! Gerade dem Border Collie fehlt es gerne an der nötigen Selbstregulation.
Für einen Border Collie ist es wichtig, Spielpartner zu haben, die sein Verhalten reflektieren. Artgenossen werden nicht angestarrt und gehütet! Zeigt der Border Collie dieses Verhalten, muss es unterbrochen werden. Das Zusammenstellen einer guten Hundegruppe, die dieses Verhalten sofort durch ein körperlich-aktives Spiel auflöst, ist sehr hilfreich.
Er soll mit Artgenossen spielen, aber nicht glotzen!
Sollte dies nicht möglich sein und Ihr Hund zeigt in einer Gruppe immer wieder das Umkreisen und Starren (»Eye-Stalking«), ist es gut, wenn Ihr Hund nur einen Artgenossen als Spielpartner zugewiesen bekommt, der dieses Verhalten auch sofort durch ein körperlich-aktives Spiel auflöst. Erwachsene Hunde mit sozialer Kompetenz sind ebenfalls hervorragend geeignet, Ihren Border Collie ab und zu auf den »Boden der Tatsachen« zurückzubringen.
Den Border Collie generell nicht mehr spielen oder ihn an einem Nebenschauplatz zusehen zu lassen, ist nicht die Lösung für sein Verhalten. Auch beim Zusehen kann man hüten.

Für Hundetrainer: Sollte es nicht möglich sein, für einen Border Collie, der »Stalking«-Verhalten zeigt, eine Hundegruppe zusammenzustellen, nehmen Sie den Border Collie bitte aus der Welpengruppe und tauschen Sie sich mit einem Kollegen aus, ob dieser eine Möglichkeit hat, den Hund bei sich zu integrieren. Sie tun damit Hund und Halter einen sehr großen Gefallen und stellen Ihre Fachkenntnisse unter Beweis.

Für Hundehalter: Wenn Sie dieses Verhalten Ihres Border Collies bemerken, wählen Sie bitte auch die Spaziergeh-Freunde mit Bedacht aus. Wenn er das »Stalking«-Verhalten auf einem Spaziergang zeigt und Sie dies nicht unterbrechen können, betreiben Sie umgehend Management und nehmen Sie ihn an die kurze Leine. So kann er das Verhalten schon mal nicht weiter ausleben und ausbauen. Verbieten Sie ihm auch das Abducken und Hinlegen, wenn Sie auf Artgenossen treffen. Dies kann von den anderen Hunden missverstanden werden. Nicht selten entstehen dadurch Raufereien.
Achten Sie darauf, dass Ihr Hund von Welpenbeinen an lernt: Nicht jeder Hund, den man trifft, bedeutet Action. Egal, wie toll der Spielpartner jetzt wäre, es schadet nicht, wenn Ihr Welpe auch mal an der Leine bleibt. Welpen müssen spielen, aber nicht immer und jederzeit.

Merke: Wehret den Anfängen!

Konfrontieren Sie Ihren Border Collie in der ersten Zeit nicht mit starken Außen- und Bewegungsreizen. Machen Sie schöne ortsbezogene und nicht zu lange Spaziergänge mit ihm – bitte immer dem Alter und dem Hundetyp angepasst und ohne Überreizung (viele Autos, Radfahrer, Jogger, lärmende und rennende Kinder sind für den Anfang zu viel). Sie können sich auch mal auf eine Bank oder zu Ihrem Welpen auf den Boden setzen und die Umgebung mit ihm beobachten. Geben Sie ihm Sicherheit durch Ihre Anwesenheit, wenn er sich vor etwas gruselt. Sie dürfen Ihren Welpen übrigens auch auf den Arm nehmen, wenn es die Situation erfordert.

Columbo lässt sich noch auf den Arm nehmen.

Schäferhund-Rüde Athos duldet kein aufdringliches Verhalten von Joy und Queenie.

Border Collie x Schafpudel x Retriever-Mix Georgie und seine Border Collie Mädels. Spielen ist wichtig, aber in Maßen.

Lassen Sie sich nicht einreden, dass man dies nicht darf. Wenn es notwendig ist, nehmen Sie ihn hoch. Es ist besser, diesen Plan zu haben, als gar keinen, wenn sich Ihr Welpe unwohl fühlt. Wichtig dabei ist, dass Sie ihn mit klarer Stimme beruhigen und nicht betüddeln.

Natürlich muss Ihr Border Collie das Leben und die damit verbundenen Geräusche und Reize kennenlernen. Aber eine langsame und behutsame Gewöhnung an sein Umfeld ist viel besser, als ihn mit allem Möglichen zu konfrontieren, auch wenn dies oft empfohlen wird.

Alec und der Wolf. Keine Sorge, an Wolfswelpen muss sich Ihr Hund nicht gewöhnen.

Lang ist's her: Wolfswelpenbetreuung im Bayrischen Wald.

Was Hündchen nicht lernt, **lernt Hund nur schwer!**

Erziehung beginnt von Anfang an. Sie legen den Grundstein für das spätere Verhalten Ihres Hundes. Eine gute und sinnvolle Erziehung eines Border Collies basiert auf einem mitdenkenden und vorausschauenden Hundehalter, der seinen Hund lesen kann und frühzeitig erkennt, wann ein Eingreifen und/oder eine Auszeit angebracht sind.

Mogli und Andrea, beide kuscheln gerne.

Border Collies lieben die Gesellschaft ihres Halters – Streicheln, Kuscheln und Schmusen (wenn Ihr Hund ein Kuschler und Schmuser ist) sind ausdrücklich erwünscht.

Die Erziehung beginnt nach Übernahme des Hundes, vom ersten Tag an. Alles, was Sie von Ihrem Hund erwarten, kann er nur erfüllen, wenn Sie es ihm beibringen. Ungefragte Unterstützung bekommen Sie überall und von jedem (hier kommen wieder die Scheuklappen und Ohrstöpsel ins Spiel). Bevor Sie sich, bei auftauchenden Unsicherheiten Ihrerseits oder Problemen mit Ihrem Welpen, stundenlang im Internet tummeln, um von Menschen Tipps zu bekommen, die weder Sie noch Ihren Hund kennen, wenden Sie sich besser an einen erfahrenen Hundetrainer, der Sie zuhause berät.

Piccolina beim Abchillen. (Privatarchiv)

Columbo drückt die Schulbank.

Die ersten Nächte

Ihr Welpe hat die ganze Zeit mit seiner Mama und seinen Geschwistern verbracht. Er war noch nie alleine. Sie haben die Möglichkeit, den Hund mit ins Schlafzimmer zu nehmen, ihm dort mit einem großen Zimmerkennel eine Höhle zu bauen und diesen neben Ihr Bett zu stellen. Wird er unruhig, können Sie ihn raustragen, damit er sich lösen kann. Warum tragen? Damit unterwegs kein Malheur passiert. Sprechen Sie dabei nicht großartig mit ihm und machen Sie ihn nicht wach (Eltern wissen, was ich meine). Setzen Sie ihn dann wieder in seine Höhle.
Wenn Sie Ihren Hund nicht im Schlafzimmer haben möchten, schlafen Sie bitte die erste Zeit bei ihm und entfernen Sie sich erst nach und nach immer weiter von seinem Schlafplatz, der sich im

Ruhebereich befindet. So erleichtern Sie ihm das »Alleine«-Bleiben bzw. »Alleine«-Schlafen. Meist aber fühlen sich Hunde nachts bei ihrem Halter wohler (der Hund muss dafür nicht ins Bett). Das bleibt gerne so, auch wenn die Hunde erwachsen sind. Letztlich kommt es auf den Typ Hund an, wo er nachts schlafen möchte. Achtung bei Kontrollfreaks.

WICHTIG

Der Kennel kann auch als Rückzugsangebot genutzt werden, aber niemals als Aufbewahrungsstätte für den Hund! Ein längeres Verweilen in einem geschlossenen Kennel ist nicht tierschutzkonform und zudem verboten. Besser ist es, ein Trenngitter als Raumteiler einzurichten (siehe Seite 72).

Taff ist stubenrein und macht nimmer in die Stube rein.

Alleine bleiben

Wie schon erwähnt, kennt Ihr Welpe das Alleinsein nicht. Er hatte in den ersten Lebenswochen immer Gesellschaft. Beginnen Sie mit dem Alleinelassen kurz nach der Übernahme des Welpens in kleinen Schritten. Verlassen Sie dabei kurz den Raum und kommen Sie möglichst zügig wieder zurück. Der Ruhebereich hinter dem Raumteiler hilft Ihnen dabei, da Ihr Welpe Ihnen nicht folgen kann, wenn Sie den Raum verlassen. Gehen Sie nur für einen Moment raus. Beachten Sie Ihren Kleinen bei dieser Aktion nicht großartig. Gestalten Sie keine Abschieds- und Wiedersehens-Partys! Ihr Welpe soll dabei lernen, dass es völlig in Ordnung ist, wenn Sie den Raum verlassen. Denn Sie kommen ja wieder. Wenn Ihr Welpe akzeptiert, dass Sie den Raum verlassen, können Sie ihn auch mal kurz anbinden und dann außer Sicht gehen. Wenn das Alleinebleiben zuhause gut klappt, dann verlagern Sie das Anbinden und kurz Außer-Sicht-Gehen auch an andere Orte. Aber: Lassen Sie Ihren Welpen niemals alleine angebunden vor einem Geschäft warten!

Stubenreinheit

Nach dem Fressen, nach dem Spielen (oder auch währenddessen), nach dem Schlafen/Aufwachen geht es mit dem

Hund raus. Am besten fürs Erste immer an die selbe Stelle. Denken Sie daran, den Hund stets kräftig zu loben, wenn er sich löst.
Beobachten Sie den Welpen gut. Sie werden bald erkennen, wann er raus muss. Ein Border Collie wird in der Regel schnell stubenrein.

Wenn die Milchzähne zuschlagen

Die Beißhemmung wird schon im Zusammensein mit den Geschwistern, der Mutter und eventuellen weiteren Artgenossen beim Züchter geschult. Sie ist jedoch noch nicht vollständig gefestigt,

Holly und Lucy halten sich an die Spielregeln.

wenn Ihr Welpe bei Ihnen einzieht. Die Zähne werden daher gerne beim Spiel in Ihren Händen oder sonstigen Körperteilen von ihm zum Einsatz gebracht.
Von seiner Mutter und seinen Geschwistern erhält der Welpe stets sofort eine negative Rückmeldung, sobald er seine Zähnchen zu heftig einsetzt. Auch beim Thema Beißhemmung macht eine Welpengruppe Sinn, damit sie weiter gefestigt werden kann.
Der Mensch hat in der Regel Hemmungen dabei, seinem knopfäugigen, knuddeligen Welpen eine negative Rückmeldung zu geben, wenn dieser heftiger wird. Die Folge daraus sind vielleicht Kinder, die keine Lust mehr auf den Welpen haben, und Erwachsene mit Biss-Spuren an den Armen. Beides geht gar nicht. Zusammen zu spielen ist toll, macht Sinn und Spaß. Der Welpe muss aber lernen, dass das Spiel sofort vorbei ist, wenn er seine Zähne gebraucht. Es empfiehlt sich, das Spiel vorzeitig zu beenden, bevor der Welpe überdreht. Ein klares »Aua«, »Nein« oder »Ey« sowie ein Aufrichten und Aus-der-Situation-Gehen kann hilfreich sein. Ihre Kinder werden von Ihnen geschützt und Ihrem Welpen wird dabei klargemacht, dass Sie alle keine Hundekumpels sind, die man malträtieren kann. Umgekehrt machen Sie Ihren Kindern verständlich, dass der Hund nicht geärgert und zu keinem heftigen Spiel animiert werden darf. Achten Sie stets auf einen fairen und sanften Umgang im Spiel mit ihm. Ihr Welpe reflektiert Ihr Verhalten: Spielen *Sie* wild mit ihm, spielt *er* wild mit Ihnen.

Objektspiele erlaubt, aber ...

Wenn Sie ein Objektspiel (Spiel mit einem Gegenstand) mit Ihrem Hund machen, lassen Sie ihn auch mal zerren. Mal gewinnen Sie, mal gewinnt der Hund. Nehmen Sie ihm das Spieli weg und laufen Sie davon. Wenn der Hund das Spieli ergattert hat, laufen Sie ihm nach. Verstecken Sie das Spielzeug. Lassen Sie es ein wirkliches Spiel sein, setzen Sie nichts unter Kommando. Haben Sie Spaß mit Ihrem Border Collie. Wenn Sie etwas werfen (bitte

Stefan und Lucy spielen gemeinsam.

Zerrspiel von Lucy und Stefan.

eher selten), werfen Sie es immer zu Ihrem Welpen hin und nicht von ihm weg. So lösen Sie kein Nachrennen aus und der Hund bleibt bei Ihnen. Legen Sie zwischendurch eine Pause ein und packen Sie das Spieli weg. Setzen Sie sich hin, holen Sie Ihren Welpen zu sich, um gemeinsam zu entspannen und die Pause und die Ruhe zu genießen. Achten Sie darauf, dass sich auch Ihr Welpe entspannt. Die Spieleinheiten sollten kurz sein und am besten nicht täglich durchgeführt werden. Passen Sie die Intensität Ihres Spiels immer dem Hundetyp an.

Mit schnell erregbaren Hunden sollte eher ein statisches Spiel durchgeführt werden. Bleiben Sie mit dem Hund besser an einer Stelle. Wenn Sie sich bewegen, dann gehen Sie. Laufen oder gar Rennen fährt den Hund hoch. Wedeln Sie nicht wild mit dem Spieli, denn das spornt ihn weiter an. Meist tendieren Männer zu dieser Art Spiel (sorry, aber das ist meine Erfahrung 🙂).

Mit einem eher »gemäßigten« Welpen dürfen Sie sich etwas schneller bewegen, aber besser auch nichts von ihm wegwerfen.
Interessant zu wissen: Sobald Sie im Spiel auch nur ein Kommando verwenden, beispielsweise »Hol das Spieli«, ist es kein Spiel mehr.

Spaziergang oder »Spaziehgang«?

Die ersten wichtigen Lernschritte an der Leine

Leinenführigkeit ist wichtig, weil sich diese wie ein roter Faden durch das Leben Ihres Border Collies zieht. Ich höre immer wieder von Hundehaltern, dass sie keine Leine brauchen, weil ihr Hund gut hört.

Kleine Anmerkung: Alle Hunde hören gut, wenn Sie nicht taub sind. Aber folgen sie auch?

Eine Leine braucht man immer. Nämlich dann, wenn der Hund, weil er älter wird, vielleicht nicht mehr gut hört und dementsprechend auch nicht mehr so gut folgt. Aus seiner Sicht rufen Sie ihn ja nicht mehr.
Vielleicht sieht er auch nicht mehr so gut aufgrund einer Erkrankung oder seines Alters. Hier ist eine Leine empfehlenswert.

Eine Operation könnte Ihren Hund zur wochenlangen Leinenpflicht zwingen. Vielleicht herrscht in Ihrem Wohnort Leinenpflicht.
Oder einfach auch nur, weil Sie verantwortungsbewusst und vorausschauend sind und Ihren Hund in mancher Situation anleinen.
Es gibt unzählige Beispiele dafür, dass man eine Leine immer bei sich haben und der Hund nicht zerrend an dieser gehen sollte. Egal, wie gut Ihr Hund folgt: Die Leine ist ein wichtiges »Instrument«.
Es stellt sich natürlich auch hier wieder die Frage: Halsband oder Geschirr. Beides ist tierschutzrelevant, wenn der Hund zieht. Außer Sie haben ein spezielles Zuggeschirr, das dem Hund angepasst wird und perfekt sitzt. Aber wie der Name schon sagt: Es ist ein Zuggeschirr und zum Ziehen gedacht. Wenn Sie ein Geschirr für Ihren Hund kaufen, dann bitte im Fachhandel und bei geschulten Fachberatern.
Es gibt auch etliche empfehlenswerte tierschutzkonforme Führungshilfen, aber besser ist es dran zu bleiben. Denken Sie an Führen und Folgen und den Spruch »steter Tropfen höhlt den Stein«.
Gehen Sie nicht immer dahin, wo Ihr Hund hinmöchte und schon gar nicht mit gespannter Leine. Lassen Sie die Leine immer in derselben Länge.
Mal kurz, mal lang, mal Korrektur dann wieder keine, bringt Ihren Hund nur

Herdenschutzhund-Mix Emil und Mogli tragen Kopfhalfter (Führungshilfe).

Piccolina hängt in den Seilen.

So kommt Skye nicht weiter.

durcheinander und ein Lerneffekt ist nicht gegeben. Das gilt schon für Welpen. Führen und Folgen ist ein Wortspiel und hat mehrere Bedeutungen.
Denken Sie an eine stark befahrene Straße, an der Sie mit einem Kleinkind an der Hand entlanglaufen. Sie kämen nicht auf die Idee, ihm das Führen zu überlassen. Warum dann einem Welpen? Sie können die Leinenführigkeit bereits zuhause bei wenig Ablenkung mit ihm üben.
Man kann auch einen Deal mit seinem Hund eingehen: Geschirr bedeutet Freizeit, du darfst »ziehen«, schnüffeln, die Seite wechseln, markieren usw. Das Tragen des Halsbands bedeutet Erziehung, du läufst schön an lockerer Leine.
Der Deal wird aber erst eingegangen, wenn der Hund gelernt hat, was Leinenführigkeit überhaupt bedeutet. Diese beginnt schon dann, wenn der Hund angeleint wird und zum Beispiel nur neben seinem Halter steht. Wenn er dabei bereits rumhampelt und nicht ruhig warten kann, ist er nicht leinenführig.
Warten Sie, bis er sich wirklich beruhigt hat. Das kann dauern. Wie immer im

So kommt Skye weiter.

Training brauchen Sie Zeit und viel Geduld. Ihr Border Collie erhält beim Anleinen eine Lerneinheit zum Thema »Frust aushalten«. Sie übrigens auch. Gehen Sie erst los, wenn die Leine locker ist und wechseln Sie die Richtung, bevor Ihr Hund in den Zug kommt. Immer wenn die Leine locker ist, loben Sie Ihren Hund. Sie brauchen ewig für ein paar Meter schön Gehen und Ihre Nachbarn machen sich Sorgen, wenn Sie im Viereck laufen oder im Dreieck springen? Ganz egal, denn hier ist Dranbleiben gefordert! Am Ende wird sich diese Vorgehensweise auszahlen.

Häufig wird ein Kommando wie beispielsweise »Bei Fuß« beim Zurückziehen des Hundes gesetzt, was vollkommen widersprüchlich für ihn ist.

Bitte zerren und ziehen Sie nicht an Ihrem Hund herum. Das ist unangenehm für ihn und er lernt dabei nichts. So spazieren zu gehen wird für ihn zur Normalität und er wird keine Rückschlüsse auf sein Verhalten ziehen.

Es geht bei der Leinenführigkeit im Alltag nicht um einen an Ihrem Bein klebenden und Blickkontakt haltenden »bei Fuß« gehenden Border Collie.

Hier hat Joy das Kommando »Fuß« erhalten.

Es wäre furchtbar, wenn Ihr Hund sich bei einem Spaziergang so verhalten würde oder gar verhalten müsste. Es reicht, wenn die Leine locker durchhängt. Ihr Hund muss nicht »bei Fuß« gehen. Das können Sie ihm zusätzlich beibringen und einsetzen, wenn Sie es benötigen. Die große Schwierigkeit an der Entwicklung der Leinenführigkeit ist meist die mangelnde Geduld des Halters und das daraus resultierende Erfolgserlebnis des Border Collies, wenn er dann doch durch Ziehen von A nach B kommt.
Es ist für mich immer wieder erstaunlich, wie viel Zeit sich Hundehalter nehmen, um ihren Border Collies Tricks beizubringen, aber wie wenig Geduld sie für die wesentlichen Dinge aufbringen, die den Alltag beherrschen.

»Hier! oder komm, wenn ich dich rufe«

Für die ersten Übungen ist der Garten perfekt. Wenn Sie keinen Garten haben, suchen Sie einen reizarmen Ort auf, ohne andere Artgenossen und Menschen.
Ihr Welpe bleibt in der ersten Zeit bei seinen kurzen Ausflügen mit Ihnen meist in Ihrer Nähe. Nehmen Sie die Gelegenheit wahr und lassen Sie diese nicht verstreichen. Je sicherer und älter Ihr Border Collie wird, desto weiter wird er sich entfernen und seine Welt erkunden. Und die ist für ihn spannender als sein Halter, den er ja jetzt schon fast in und auswendig kennt. Haken Sie also im Welpenalter ein. In der Pubertät sind Sie ohnehin erst einmal für einige Zeit »raus«.

Bestätigen Sie für den Anfang jede Kontaktaufnahme Ihres Hundes in Ihre Richtung. Haben Sie einen »Ich-nehme-keinen-Kontakt-auf«-Welpen, kommt dieser an die Schleppleine und Sie erinnern ihn an den Kontakt. Lassen Sie sich von einem Hundetrainer dabei unterstützen. Wählen Sie für den Rückruf Ihres Welpen ein Wort, das Sie gut betonen können. Der Name des Hundes eignet sich nicht dafür. Diesen benutzen Sie, um seine Aufmerksamkeit zu bekommen. Wenn er sich zu Ihnen hin orientiert, ermuntern Sie ihn dabei, zu Ihnen zu kommen. Läuft er gezielt auf Sie zu, sagen Sie Ihr Rückruf-Wort und belohnen ihn freudig, sobald er bei Ihnen ist.

WICHTIG

Behalten Sie Ihren Welpen kurz bei sich und lassen Sie ihn dann mit einem »Frei«-Kommando wieder laufen. Erst dann darf der Hund wieder von Ihnen weg.

Beobachten Sie bitte sehr gut, am besten lassen Sie es von einem Trainer beobachten, für welches Lob Ihr Hund am meisten empfänglich ist.

Columbo gibt alles.

Lob: damit NIE sparen!

Körperliche Zuwendung: immer gut dosiert einsetzen. Ein heftiges Streicheln oder Knuddeln findet nicht jeder Border Collie toll.

Leckerli: sehr gut dosiert einsetzen. Futter ist nicht zum Anlocken und zur Manipulation des Hundes gedacht.

Ihr Hund ist so individuell wie Sie. Ein Nur-so-oder-so gibt es nicht.
Manche Menschen sind vielleicht etwas emotionsloser und der Rückruf hört sich monoton und eher gelangweilt an. Ihrem Hund etwas vorzuspielen, weil jemand der Meinung ist, Sie müssen es körpersprachlich oder mit ihrer Stimme schaffen, bringt nichts. Spielen Sie Ihrem Hund keine Emotionen vor. Ihr Hund kennt und durchschaut Sie. Belohnen Sie den Einstieg des Rückrufes mit Leckerli. Er kommt ja, weil Sie ihn rufen, nicht weil Sie zuvor mit einem halben Schwein gewunken haben. Dosieren Sie die Leckerli-Gaben, haben Sie aber sein Hundeleben lang immer mal wieder eins oder zwei bei sich.
Manche Menschen schäumen vor Emotionen geradezu über und erdrücken ihren Hund mit körperlicher Zuwendung und Freude, wenn er auf ihren Rückruf kommt. So kann es vorkommen, dass er einen gewissen Abstand hält, damit man ihn nicht knuddeln kann. Er findet ihren Ausbruch zwar cool, hat aber keine Lust auf das Geknuddel. Lassen Sie das weg und loben Sie ihn »nur«. Knuddeln Sie stattdessen jemand anderen.
Sie können auch einen Pfiff (mit Hunde-Pfeife) antrainieren. Vorteil: Der Ton ist immer gleich, egal, in welcher Stimmung Sie sich befinden. Okay, vielleicht ist er zum Teil etwas durchdringender, wenn Sie genervt sind.
Vorteil: Sie klingen auch gleich, wenn der Feind Ihres Hundes um die Ecke kommt. Die Pfeife zeigt keine Emotionen.
Auf Spielzeug zur Motivation sollte weitestgehend verzichtet werden. Bei ständigem Einsatz als Lob oder Motivationsgegenstand kann es passieren, dass Sie Ihren Border Collie in ständige Erwartungshaltung bringen. Das Gleiche kann übrigens auch bei überdosierter Leckerli-Gabe entstehen. Es kann passieren, dass sich Ihr Hund ohne Ihr Zutun selbstständig zurückruft, um ein Spieli oder ein Leckerli zu bekommen. Das hat dann nichts mehr mit Ihnen zu tun. Sie sind nur noch der Herausgeber dieser Dinge.
Rufen Sie Ihren Welpen immer mal wieder zu sich. Machen Sie ihn erst aufmerksam, indem Sie seinen Namen nennen. Schaut er zu Ihnen, motivieren Sie ihn, zu Ihnen zu kommen durch Ihre freundliche Stimme, durch Rückwärtslaufen oder durch In-die-Hocke-Gehen. Setzen Sie Ihr Rückrufwort erst ein, wenn er sich auf der Zielgeraden zu Ihnen befindet.

Mix-Hündin Wookie wird von Halterin Susi mit offenen Armen empfangen. Ob Wookie gebremst hat, bleibt unser Geheimnis.

Ein Herankommen Ihres Hundes sollte immer auf Freude, zu Ihnen zu kommen, basieren. Nicht weil Sie das ultimative »Belohnungsding« in Ihrer Tasche haben. Sollte Ihr Welpe/Junghund mit seiner Testphase beginnen »was passiert, wenn ich mal nicht komme« und diese Situationen häufen sich, ist eine Schleppleine empfehlenswert, um Ihrem Hund dieses Verhalten nicht weiter zu ermöglichen.

GUT ZU WISSEN

Welpen verlieren sich oft in ihrem Tatendrang, die Welt zu erkunden, und sind dann sozusagen situationsbedingt gehörlos. Machen Sie sich Ihr Rückruf-Wort nicht kaputt, indem Sie den Hund dann öfter rufen. Verwenden Sie Ihr Rückruf-Wort immer nur dann, wenn Ihr Welpe sich Ihnen aktiv zuwendet.

Die Schleppleine sollte maximal 7 m betragen und ist als Trainingshilfe gedacht. Lassen Sie sich von einem erfahrenen Hundetrainer den Sinn der Schleppleine zeigen und erklären. Setzen Sie dieses bitte dann auch um. Keiner hat gesagt, dass Erziehung Spaß macht und da gehört das Schleppleinen-Training dazu.
Auch wenn es noch so verlockend ist, den Hund probehalber mal abzuleinen: Lassen Sie Ihren testenden Junghund so lange an der Schleppleine, bis Sie die Freigabe Ihres Trainers bekommen.

Klein Piccolina beim Schleppleinen-Test. (Privatarchiv)

Von vielen Hundehaltern wird die Schleppleine übrigens als eine Art »Frei«-Laufleine verwendet. Meist mit einer Länge von 15 bis 20 m. Lerneffekt beim Hund: Ich kann in einem Radius von 15 bis 20 m machen, was ich will. Es ist selbsterklärend, dass nur der Hund seinen Nutzen daraus zieht.

Sitz

Hier sei als allererstes gesagt, dass Border Collies im allgemeinen lieber liegen als sitzen. Beginnen Sie also bitte erst mit dem Kommando »Sitz« und zeigen Sie Ihrem Hund, wie toll es ist, zu sitzen, indem Sie ihn während der Ausübung des Kommandos loben.
Nehmen Sie ein Leckerli zwischen Daumen und Mittelfinger und strecken Sie den Zeigefinger nach oben. Nun lassen Sie den Welpen am Leckerli schnüffeln. Führen Sie Ihre Hand etwas nach oben und nach hinten, sodass der Kopf des Welpen leicht nach hinten geht. Er muss sich hinsetzen, um weiter an dem Leckerli schnüffeln zu können. In diesem Moment des Setzens sagen Sie »Sitz«, öffnen Daumen und Mittelfinger, geben Ihrem Welpen das Leckerli und loben ihn mit Ihrer Stimme.
Lassen Sie ihn wieder aufstehen und wiederholen Sie die Übung.

Susi und Carea-Leonés-Mix-Hündin Harley zeigen, wie es geht.

Gudrun bringt dem rumänischen Urmel das »Platz« bei.

Sitz – nächster Schritt:
Wenn Ihr Welpe weiß, was Sie wollen, können Sie das Kommando »Sitz« verbal und nonverbal im Wechsel gestalten. Es empfiehlt sich immer, dass Ihr Hund beides verinnerlicht (hilfreich auch im Alter).
Verbal ist das Kommando »Sitz« ohne Heben des Zeigefingers.
Nonverbal ist das Heben des Zeigefingers ohne das Kommando »Sitz«.
Lassen Sie das Leckerli weg, sobald Ihr Welpe dies gut verknüpft hat. Es schadet jedoch nicht, dem Hund ab und zu mal wieder eines zu geben.

Wichtig: *Sie* lösen das Sitz-Kommando auf, nicht Ihr Hund.

Platz

Klemmen Sie sich ein Leckerli zwischen Daumen und Handfläche ein (die Hand bleibt flach). Halten Sie es an die Nase Ihres Border Collies und bewegen Sie dann Ihre Hand mit dem Leckerli langsam nach unten in Richtung Boden. Ihr Welpe wird sich irgendwann ablegen, um an das Leckerli zu kommen. Im Moment des Ablegens sagen Sie das Kommando »Platz«, öffnen den Daumen und der Hund bekommt das Leckerli, wenn er liegt.
Lassen Sie ihn wieder aufstehen und wiederholen Sie die Übung.

Platz – nächster Schritt:
Wenn Ihr Welpe weiß, was Sie wollen, können Sie das Kommando »Platz« verbal und nonverbal im Wechsel gestalten. Es empfiehlt sich immer, dass Ihr Hund beides verinnerlicht.
Verbal ist das Kommando »Platz« ohne das Zeigen der flachen Hand.
Nonverbal ist das Zeigen der flachen Hand ohne das Kommando »Platz«.
Lassen Sie das Leckerli weg, sobald Ihr Welpe dies gut verknüpft hat. Es schadet jedoch auch hier nicht, ihm ab und zu mal wieder eines zu geben.

Wichtig: *Sie* lösen das Platz-Kommando auf, nicht Ihr Hund.

Bleib

Bringen Sie Ihren Hund in die gewünschte Position »Sitz« oder »Platz« und entfernen Sie sich ein paar Schritte von ihm. Am Anfang sollten Sie nicht zu weit von ihm weggehen. Wenn Ihr Hund liegen oder sitzen bleibt, sagen Sie das Kommando »Bleib«. Gehen Sie bitte immer wieder zu Ihrem Hund zurück und belohnen Sie ihn für das Bleiben. Ihr Hund darf das Kommando nicht auflösen. Achten Sie darauf, dass ein »Sitz« ein »Sitz« bleibt und ein »Platz« ein »Platz«. Ihr Hund sollte seine Position nicht selbständig wechseln.

Charly beherrscht das »Bleib« perfekt.

Bleib – nächster Schritt:
Wenn dies gut klappt, können Sie damit beginnen, mehr Distanz zum Hund aufzubauen, mal zu hüpfen, mal zu klatschen, in die Hocke zu gehen, außer Sicht zu gehen oder laut »Hui« zu rufen. Bitte nicht alles auf einmal.

Bleib – noch ein Schritt:
Wenn dies alles gut funktioniert, können Sie einen Reiz hinzufügen. Lassen Sie zum Beispiel einen Ball rollen, legen Sie ein Stück Wurst auf den Boden oder bitten Sie Personen, vorbeizulaufen usw.

Achten Sie stets darauf, dass Ihr Hund die Übung nicht selbständig unterbricht.

Nein

Das ist etwas, was Ihr Welpe mehrmals täglich hört, dabei aber feststellt, dass »Nein« für ihn oft doch keine Konsequenz hat und letztlich nicht so gemeint ist. Dabei gehört »Nein« zu den lebenswichtigen Kommandos. Eine Übung zur Verdeutlichung von »Nein«: Nehmen Sie Ihren Welpen an die Leine.

Urmel lernt das »Nein«.

Treten Sie auf die verkürzte Leine und gehen Sie in die Hocke. Nehmen Sie etwas Futter in eine Hand und machen Sie eine Faust. Ihr Welpe wird versuchen, an das Futter zu gelangen. Jedes Mal, wenn er das versucht, sagen Sie zu ihm »Nein« und Ihre Hand geht nach oben weg. Hochspringen kann Ihr Welpe nicht, da Sie auf der Leine stehen. Wenn Ihr Welpe sich wieder beruhigt hat, führen Sie Ihre geschlossene Hand wieder nach unten. Ihr Hund wird es wieder versuchen und Sie wiederholen das Ganze. Sobald der Welpe auf Ihr »Nein« die Hand in Ruhe lässt, öffnet sich diese und er darf das Leckerli fressen. Sie werden erstaunt sein, wie schnell Ihr Zwerg das kapiert.

Nein – nächster Schritt:
Wenn Ihr Welpe weiß, dass man sich auf das Kommando »Nein« zurücknimmt und er das »Nein« wirklich gut verknüpft hat, kommt der nächste Schritt. Der Welpe ist an der Leine, das Leckerli liegt im Napf oder auf dem Boden. Der Welpe möchte an das Leckerli (er kommt natürlich nicht dran, da Sie ihn an der Leine haben). In dem Moment sagen Sie »Nein«. Dreht der Hund sich zu Ihnen um, dann rasten Sie bitte vor Freude aus und geben ihm etwas Supertolles.

WICHTIG

●●●●

»Hier«, »Bleib« und »Nein« sind zwar Kommandos, die Sie regelmäßig üben sollten, jedoch müssen die Einheiten kurz und effektiv sein. Wir sprechen hier immer noch von einem Welpen/Junghund. Also alles in Maßen, seinem Typ und dem Alter angepasst.

Das Unterbrechen eines Hundes (mit »Nein« oder was immer Sie wählen) muss immer der Situation und dem Hundetyp angepasst werden. Während ein Terrier das Kommando »Nein« eventuell als einen Hauch von nichts betrachtet, kann für den Border Collie eine Welt zusammenbrechen.

Finde den Fehler

Immer wenn etwas nicht funktioniert, reflektieren Sie sich bitte zuerst selbst:

- Haben Sie es wirklich gut genug geübt?
- Haben Sie es immer nur ohne Ablenkung geübt?
- Haben Sie nur zuhause geübt und den Übertrag in den Alltag vergessen?
- Sind Sie wirklich konsequent genug?

- Ziehen innerhalb der Familie alle an einem Strang?
- Verwenden alle dasselbe Kommando?
- Fordern Sie das Kommando wirklich vom Hund ein und setzen es auch durch?
- Sind wirklich *alle* konsequent oder findet Ihr Hund immer wieder ein offenes Hintertürchen?
- Wie oft untergräbt der Hund Ihre Vorgehensweise?
- Ihr Hund ist überfordert und blockiert?
- Hat Ihr Hund richtig verknüpft?
- Weiß Ihr Hund überhaupt, was Sie von ihm wollen?
- Keine Antwort? Lassen Sie jemanden mit fachlicher Kompetenz draufschauen.

Viele Wege führen nach Rom: Es gibt verschiedene Möglichkeiten, um ein Ziel zu erreichen. Der Besuch einer Hundeschule ist von Vorteil, da Sie und Ihr Hund dort die passende und hoffentlich individuelle Anleitung erhalten. Hier wissen die Trainer, wie man Übungen altersgerecht aufbaut und so dem Hund das Lernen leicht macht.

Jetzt schon Frühförderung/ Beschäftigung?

Es ist ein Irrglaube, dass man seinen Border Collie, wenn er zuhause zu wild ist, mehr beschäftigen muss.

Delia ist gechillt und Moni sorgt dafür, dass es so bleibt.

Columbo – Weltentdecker sein macht müde und zufrieden.

Je wilder der Hund, desto ruhiger sind Sie. Je ruhiger der Hund, desto dankbarer sind Sie.

Frühförderung erfolgt, wenn man dem Welpen bereits Beschäftigungsprogramme auferlegt. Border Collies lernen super schnell und haben eine Menge Spaß daran. Dies verleitet den Halter dazu, immer mehr zu machen.

Das Resultat ist dann ein schnell überforderter Welpe, der Impulskontrolle und Frustrationstoleranz gar nicht erst erlernt bzw. verlernt.

Ihr Border Collie Welpe braucht noch keine Beschäftigung und schon gar keine Frühförderung im Bereich Hundesport. Das Leben und Ihr Alltag reichen vorerst völlig aus.

Es bedarf einer Menge Fingerspitzengefühl und Erfahrung bei der Frühförderung eines Border Collies. Es ist mir ein Rätsel, warum man dies überhaupt machen sollte.

Schaffen Sie erst eine Basis, um später mit einem »gechillten« Border Collie in den Hundesport (oder einen anderen Bereich Ihrer Wahl) zu gehen.
Es macht viel mehr Spaß, wenn Sie mit Ihrem gefestigten Border Collie verschiedene Sachen ausprobieren können und er mit Ihnen ruhig und konzentriert zusammenarbeitet.
Sie haben die erste Zeit mit dem Welpen und heranwachsenden Hund erzieherisch so viel zu tun, da findet sich kein Platz für »höher, schneller, weiter« in Form von Beschäftigung/Frühförderung im Hundesport – und das ist auch gut so. Das läuft Ihnen nicht davon.

Merke: Es schadet nicht, manche Anlagen (noch) ruhen zu lassen.

Sabine und Wolfi sind eine Einheit.

Skye beschließt gerade, sich und seine Anlagen ruhen zu lassen.

(Privatarchiv)

Der Border Collie in der Familie

Kind und Hund, welchem Hundefreund geht da nicht das Herz auf? Damit es offen bleibt, muss man einiges beachten.

Es ist wichtig, dass Eltern bereits vor dem Einzug des Hundes alle notwendigen Regeln im Umgang mit dem Hund in der Familie besprechen und für deren Einhaltung sorgen. Die aufgestellten Regeln zu beachten gilt natürlich sowohl für die Erwachsenen als auch für die Kinder.

Maxi und Piccolina haben etwas zu besprechen. (Bild Privatarchiv)

Eine der wesentlichsten Regeln für Eltern lautet: Kind und Hund sind nie ohne Aufsicht. Noch eine zentrale Regel ist: Wenn der Hund schläft, lassen wir ihn schlafen. Egal, wie süß und niedlich er dabei aussieht. Haben Sie als Eltern immer den »Ausschaltknopf« des Border Collies im Hinterkopf. Dieser wird durch »den Hund in Ruhe schlafen lassen« schon mal vorprogrammiert. Mit jüngeren Kindern können Sie ein Stoppschild für diese Situation malen. Immer wenn das Schild aufgestellt wird, ist der Hund tabu. Das gilt dann natürlich auch für Besucherkinder und die Erwachsenen. Nebenbei gesagt sind häufig die Erwachsenen die Regelbrecher, nicht die Kids.
Sind die Kinder schon etwas älter, empfiehlt sich das Erstellen eines Plakats mit den Regeln zum Umgang mit dem Hund. Kinder und Erwachsene werden so immer wieder daran erinnert, was sie abgesprochen haben. Bei fast erwachsenen Kindern kommt solch ein Plakat weniger gut an. Mit ihnen kann man Aufgaben vereinbaren, die sie künftig übernehmen können, wie den Hund füttern, mit ihm rausgehen, ihm die Pfoten abputzen, sein Geschäft wegräumen u.v.m.

GUT ZU WISSEN

Ein Welpe hat noch keinen Plan und agiert (noch) nicht zielgerichtet. Er probiert sich aus. Verhalten, das zum Erfolg geführt hat, wird beibehalten und ausgebaut. Was erfolglos ist, wird abgestellt. Sollte sein »Erfolg« nicht Ihrer Vorstellung entsprechen, machen Sie ihm zügig klar, dass ein weiterer Ausbau seines Verhaltens unerwünscht ist.

Der Hund und die Familie oder die Familie und der Hund?

Regel Nr. 1:
Die Erziehung des Hundes liegt bei den Eltern. Kinder erziehen keinen Hund, außer sie sind alt genug sowie körperlich und auch geistig dazu in der Lage.

Regel Nr. 2:
Wenn alle in der Familie – Mutter, Vater, Kinder – mit dem Hund zugange sind, dann MÜSSEN ALLE an einem Strang ziehen. Wer nicht am gleichen Strang zieht, ist raus. Er kann den Hund dann füttern und streicheln, mehr nicht.

Regel Nr. 3:
Wer den Hund an der Leine hat, hat das Sagen. Es reicht aus, wenn einer an dem Welpen rumzuppelt. Für den Welpen ist ohnehin noch alles neu. Wenn dann jeder mal die Leine in der Hand hat und ihn unterschiedlich führt, ist Chaos vorprogrammiert.

Regel Nr. 4:
Wer zuhause ein Kommando gibt, setzt dieses auch durch. Alle anderen halten sich in diesem Moment bitte raus. Hier sind wieder die Eltern gefragt. Sie geben die Kommandos oder unterstützen Ihre Kinder dabei, dem Welpen etwas beizubringen.

Regel Nr. 5:
Wenn der Welpe schläft, ist er tabu!

Regel Nr. 6:
Die Kinder werden von Ihnen geschützt, wenn der Welpe zu heftig mit diesen umgeht.

Regel Nr. 7:
Kuscheln und Schmusen ist erlaubt, wenn der Hund ein Kuschler und Schmuser ist. »Zwangskuscheln« ist verboten.

Columbo lässt sich auf seine junge Halterin ein.

König Columbo bittet zur Audienz.

Regel Nr. 8:
Wenn der Welpe sich zurückzieht, lässt man ihn in Ruhe.

Regel Nr. 9:
Wenn einer den Welpen ruft, sind die anderen raus. Wenn alle durcheinanderrufen, kommt der Welpe auch durcheinander und weiß nicht, zu wem er kommen soll. Falls er bei dem Durcheinander überhaupt kommen sollte (alleine schon dieser Satz bringt einen durcheinander).

Regel Nr. 10:
Setzen Sie dem Welpen kein Krönchen auf und machen Sie ihn nicht zum »Herrscher«. Sie überfordern ihn damit nur.

Regel Nr. 11:
Wenn der Welpe nervt, wird er nicht noch mit Aufmerksamkeit belohnt. Belohnen Sie ihn, wenn er von selbst zur Ruhe kommt, mit sanftem Streicheln oder beruhigender Stimme. Finden Sie raus, was Ihren Hund beruhigt.

Regel Nr. 12:
Schlafen, schlafen, schlafen. Der Hund sollte mindestens 18 Stunden am Tag schlafen oder ruhen. Denken Sie an den Ruhebereich und halten Sie diesen ein.

Columbo findet es fad. Mit Langeweile klarzukommen muss erst gelernt werden.

Seien Sie gewappnet auf das, was da kommt. Columbo heckt etwas aus.

Regel Nr. 13:
Begrüßen Sie Ihren Border Collie immer gemäßigt und ruhig. Lassen Sie ihn nicht hochspringen, quietschen Sie nicht in hohen Tönen, machen Sie kein Fass auf. Freuen ja, ausflippen nein.

Regel Nr. 14:
Bringen Sie Ihrem Kind bei, sanft und ruhig mit dem Hund umzugehen. So ist es für beide ein guter Einstieg für ein schönes Miteinander.

Kleiner, gemeiner Hinweis: Ihr Hund hat genug Zeit, Sie zu beobachten. Er weiß, wo Ihre Schwachstellen sind.

Eine oft schwierige Kombination sind Kleinkinder und Border Collie in der Familie. Kinder wollen rennen, laut sein, spielen, toben und das ist auch ihr gutes Recht. Diese Reize sind jedoch für einen Border Collie Gift und der Startschuss für Verhalten wie Kreiseln, Anstarren, Bellen, Anspringen, die Kinder in die Waden hacken oder umkreisen. Ein Ruhebereich für den Hund ist hier eine große Hilfe – für Kind und Hund.
Vor allem kleine Kinder sind für den Border Collie ein immer wiederkehrender Reiz, den man nicht einfach abstellen kann. Es ist deshalb empfehlenswert, zu warten, bis die Kinder Regeln zum Umgang mit dem Hund auch verstehen und einhalten können.

Aber auch der kleine Border Collie muss sich an Regeln halten. Die Kinder werden nicht als »Spielzeug« benutzt. Machen Sie dem Zwerg klar, dass die spielenden Kinder tabu sind.

WICHTIG

● ● ● ●

Ihr Kind ist immer noch Kind, wenn Ihr Hund bereits erwachsen ist. Ein erwachsener Hund wird anders reagieren und seinen Körper anders einsetzen als ein Welpe.

Babysitter-Funktion

Border Collies sind keine Babysitter. Kein Hund sollte Babysitter sein. Babysitter haben die Aufgabe, die Welpen zu beschützen, zu beaufsichtigen und dürfen diese auch erziehen. Wenn Sie Ihrem Hund unkontrolliert diese Aufgabe zuteil werden lassen, hat er in seinen Augen auch das Recht, Ihr Kind maßregeln zu dürfen. Es ist wunderbar, wenn Kind und Hund gut miteinander klarkommen und sie sich verstehen. Aber Sie bestimmen die Regeln für den Hund und auch für Ihr Kind.

Mogli in der Chill-out-Area.

Die Ruhezone

Ihr Hund ist in der Ruhezone nicht »weggesperrt«, der Raum wird nur abgeteilt. Haben Sie bitte kein schlechtes Gewissen dabei. Für den Hund ist es öder, ewig brav im Körbchen verharren zu müssen. Der Ruhebereich ist für die Auszeit gedacht. Der Hund lernt so alle Aktivitäten im Hausstand kennen, ohne auf diese reagieren zu müssen oder zu können. Sehen Sie es als hundefreie Zone für Ihre Kinder und als Ruhezone für Ihren Hund. Beides macht Sinn.

Hätten Sie nicht auch gerne eine Ruhezone?

Im Garten bietet sich das Einrichten einer Ruhezone übrigens auch an. So können die Kinder spielen und rennen, ohne dass der Hund mitläuft. So läuft man nicht Gefahr, dass das Hinterherjagen gefördert wird.

Damit die Kinder auch gemeinsam mit dem Hund etwas machen können, empfehlen sich ruhige Aktivitäten. Dazu mehr im Abschnitt »Beschäftigung«.

Mogli bei der Kinderwagen-Rallye.

Ein Baby ist unterwegs

Ab dem Moment, in dem Sie wissen, dass Sie ein Kind erwarten, können Sie Ihren Hund auf die neue Situation vorbereiten. Auch wenn Ihr Hund kein Thema mit Kindern hat und diese sehr mag, so ist es doch ein Unterschied, wenn plötzlich ein kleiner Schreihals dauerhaft bei Ihnen einzieht.
Richten Sie Tabu-Zonen (der Ruhebereich lässt grüßen) ein, die für das Baby (im Krabbelalter) nicht zugänglich sind und für den Hund einen Rückzugsort bilden, ohne wegesperrt zu werden. So hat auch das Baby eine hundefreie Zone. Gehen Sie vorab bereits mit Ihrem Hund und dem leeren Kinderwagen spazieren, damit sich der Hund und Sie sich an das Handling mit Leine und Kinderwagen gewöhnen können. Wenn das Baby erst einmal im Kinderwagen liegt, ist ein Training nur schwer möglich.
Dinge, die Sie zwar bemerkt haben, denen Sie aber dann doch nicht so viel Beachtung geschenkt haben, fallen mit Baby auf einmal ins Gewicht. Alles, was Sie eigentlich schon immer gestört hat und Sie schon lange angehen wollten – tun Sie es jetzt.

Mogli lässt zu, dass jemand in den Kinderwagen schaut (das Baby befindet sich im Wagen). Er hat gelernt, Abstand zu halten.

Mogli hält sich an die Regel: Ziehen verboten.

Sobald das Baby da ist, haben Sie weder die Zeit noch den Nerv dazu und Ihr Border Collie hat kein Verständnis für sehr spontane Neuerungen.
Sprechen Sie am besten mit dem Hundetrainer Ihres Vertrauens, der Sie und Ihren Hund gut kennt. Er gibt viel zu tun und zu beachten, bevor der Nachwuchs einzieht.

Zumba überlässt die Besucherregeln seiner Familie.

Die Besucher

Neu-Hundehalter sind meist komplett überfordert, wenn Besucher kommen und alle aufgestellten Regeln komplett missachten. Am schlimmsten sind die Hobbyhundetrainer unter den Besuchern, die immer wieder betonen, dass sie sich auskennen, da sie selbst Hunde haben oder hatten.

Daisy ist ein Kinderhund.

Auch hier ist der Ruhebereich hilfreich, wenn sich Ihr Border Collie zu sehr aufregt oder die Besucher Ihren Hund unnötig heftig begrüßen und ihn damit hochfahren. Warten Sie, bis die erste Luft raus ist und sich alle beruhigt haben. Dann können Sie Ihren Border Collie wieder aus dem Ruhebereich nehmen und unter Ihrer Aufsicht den Besuch begrüßen lassen. Das gilt auch, wenn sich ein Besucher gut mit Hunden auskennt und meint »des passt schon«. Nehmen Sie Ihren Hund sofort wieder aus der Situation, wenn Sie bemerken, dass er sich unwohl fühlt oder wieder hochfährt. Gestalten Sie den Ablauf, wenn Besuch kommt, immer gleich (egal wer kommt), damit sich Ihr Hund daran gewöhnt. Lassen Sie auch hier keine Spiele zwischen dem Besucher und Ihrem Border Collie zu, die Ihren Hund kirre machen.

Ihr Hund, Ihr Haus, Ihre Regeln!

Impuls-kontrolle

Bei seinem Menschen sollte sich der Border Collie immer entspannen können. Verinnerlichen Sie diesen Satz!

Die Impulskontrolle sollte – nein, sie MUSS bei der Erziehung eines Border Collies an erster Stelle stehen.

Schluss mit lustig, Lucy akzeptiert das.

Lucy und Andrea beim Genießen.

Wie oft hört man diesen Satz: »Oh nein, wieder einer dieser durchgeknallten Border Collies.« Das »Durchknallen« eines Border Collies ist durchaus vermeidbar. Das Erregungslevel eines »durchgeknallten« und eines nicht »durchgeknallten« Border Collies ist dasselbe. Den Unterschied macht die Impulskontrolle.

Alles, was Sie nicht hochfahren, müssen Sie auch nicht runterfahren.

Alles Bewegliche, die sogenannten Bewegungsreize, können für den Border Collie interessant sein. Spielende Kinder, Staubsauger, Wischlappen, Besen, Bälle, Autos, Radfahrer, Jogger, eine laufende Waschmaschinentrommel, weitere Haustiere, Geräusche, die eine sich annähernde Bewegung ankündigen (zum Beispiel ein Motorengeräusch) und anderes mehr. Auch ein Wasserstrahl, wackelnde Dinge, eine sich spiegelnde Oberfläche oder ein Schatten an der Wand können unerwünschtes Verhalten auslösen und verstärken.
Ihr Border Collie muss lernen, dass ihn diese Dinge nicht zu interessieren haben. Hier sind Sie als Hundehalter gefordert. Ein langsames Daran-Gewöhnen macht Sinn. Ein Rückruf- und Verbotssignal müssen sitzen!
Viele – von uns Menschen nicht erwünschte – Verhaltensweisen sind für den Border Collie selbstbelohnend und werden im Gehirn als solches abgespeichert. Botenstoffe wirken hierbei als Verstärker und daraus kann Suchtverhalten entstehen.

GUT ZU WISSEN

Wenn man dann den ultimativen Tipp »Ignorieren Sie das Verhalten Ihres Hundes« bekommt, kann man nur sagen: »Ignorieren Sie diesen Hinweis!« Immer wenn der Hund sich durch ein Verhalten selbst belohnt, ist ein Ignorieren nicht zielführend.

Auch ein vermeintlich »ruhiges« Liegen und Beobachten von Gegenständen kann bereits ein Hüteverhalten sein. Beobachten Sie daher Ihren Hund sehr genau, damit Sie rechtzeitig erkennen können, ob sein Verhalten noch in Ordnung ist. Fragen Sie sich, ob ein Abstellen oder Kontrollieren seines Verhaltens in diesem Moment noch möglich ist.
Üben auch Sie sich in Impulskontrolle! Fordern Sie nichts von Ihrem Border Collie, was sein Erregungslevel steigert. Das gilt natürlich auch für den Welpen und den Junghund. Hunde, die viel in Aktion sind, verlernen abzuschalten.

Taff ... wer, wie, was abschalten?

Die eigenständige Impulskontrolle ist beim Border Collie so gut wie nicht vorhanden. Wenn er jedes Mal überlegen würde, ob es sich lohnt, einer Bewegung Folge zu leisten, wäre er für seine Aufgabe unbrauchbar.

GUT ZU WISSEN

Man kann einem Border Collie schnell eine Menge beibringen, aber ihm nur schlecht wieder etwas abgewöhnen.

Lucy kann warten!

Man kann den Hund aber dahingehend trainieren, dass seine Impulskontrolle auch in einer hohen Erregungslage möglich ist.

Na, wenn das keine Impulskontrolle ist. Bravo, Piccolina! Würde ich mir bei dem Anblick einer Schwarzwälder Kirschtorte auch wünschen. (Bild Privatarchiv)

Ein Beispiel:
Der Border Collie steht unter einer extrem hohen Anspannung und Erwartungshaltung, endlich auf die Anweisungen seines »Arbeitgebers« (Schäfer) reagieren zu dürfen. Dennoch ist er kontrollierbar, lenkbar und kann warten. Das setzt einen sehr konsequenten Umgang mit dem Hund voraus.

Joy ist kontrolliert interessiert.

GUT ZU WISSEN

Es ist kein Thema, wenn Ihr Border Collie während seiner »Arbeit« Feuer und Flamme ist, solange er kontrollierbar und ansprechbar bleibt, sich lenken lässt und nach getaner Arbeit wieder entspannt.

Beispiel zur Impulskontrolle beim Hundesport:
Ihr Border Collie geht angespannt (Border Collies sind übrigens immer angespannt, wenn sie etwas tun dürfen ...), aber sehr gut kontrollierbar und ansprechbar in den Trainingsbereich. Er arbeitet konzentriert, ruhig und schnell mit, ist dabei aber nicht hektisch.

Er achtet auf Sie, Ihre Kommandos (befolgt diese auch) und lässt sich gut lenken. Wenn er kurz überdreht oder meint, es besser zu wissen, bekommen Sie ihn wieder gut ins Handling. Nach getaner Arbeit (was immer es ist) geht Ihr Border Collie ruhig, normal und unaufgeregt mit Ihnen aus dem Trainingsbereich. Er kann sich danach relativ schnell entspannen und es interessiert ihn nicht, wenn andere arbeiten.
Freuen Sie sich bitte, dass Sie immer darauf geachtet haben, Ihrem Border Collie die nötige Ruhe zu gönnen und zu geben. Dass Sie ihn nicht mit Frühförderung überfordert und das richtige Maß im Umgang mit ihm gefunden und beibehalten haben.

Beispiel zur nicht vorhandenen Impulskontrolle beim Hundesport:
Ihr Border Collie geht angespannt (Border Collies sind übrigens immer angespannt, wenn sie etwas tun dürfen ...), jedoch schlecht bis gar nicht kontrollierbar und nur immer kurz ansprechbar in den

Mogli ist aufmerksam, aber entspannt.

Trainingsbereich. Er spult sein Programm ohne Ihre Aufforderung ab. Er lässt sich schlecht lenken, führt Kommandos schlampig oder gar nicht aus oder verwechselt diese. Er überdreht immer wieder oder dauerhaft, kreiselt, bellt und ist hektisch. Es braucht einige Wiederholungen, bis Ihr Hund »in der Spur ist«. Auch wenn Sie ihn aus dem Trainingsbereich bringen, ist er weiterhin sehr hektisch, seine Rute ist oben, er bellt oder springt immer wieder. Er kann sich nicht entspannen und hält es nicht aus, wenn andere arbeiten. Sie müssen ihn außer Sicht bringen.

Wenn sich Ihr Border Collie so verhält, sollten Sie die gewählte Beschäftigung sein lassen und vielleicht etwas anderes mit ihm ausprobieren.

Wenn sich Ihr Border Collie generell so verhält, sollten Sie darüber nachdenken, ob Sie dies weiterhin Ihrem Hund zumuten wollen. Denn gesund ist das nicht. Überlegen Sie auch, was im Vorfeld gemacht wurde. Wurde zu früh mit der Beschäftigung begonnen? Hatte der Hund zu wenig Ruhe? Haben Sie seine Forderungen immer bedient? Hat er Dauerbeschallung bei den Spaziergängen? Damit sind ständige Übungseinheiten zum Beispiel im Gehorsam, Tricktraining, Dogdance oder Obedience gemeint. Läuft er Ihnen zuhause immer nach? Ist er in ständiger Erwartungshaltung? Motivieren Sie ihn viel mit Spielzeug? Wenn dem so ist, lassen Sie doch einfach mal alles sein und den Hund einfach Hund sein.

Nehmen Sie ihn ans Rad oder gehen Sie lange und ausgiebig mit ihm spazieren. Gebrauchen Sie Kommandos nur, wenn der Alltag diese erfordert. Setzen Sie sich ab und zu mit einem Buch auf eine Bank und leinen Sie ihren Hund an Ihrer Seite an. Lesen Sie eine Weile. Ihr Hund muss nicht Platz oder sonst was machen. Lassen Sie ihn bitte in Ruhe. So »üben« Sie mit ihm das Nichtstun. Wenn er bellt, hören Sie ein Hörbuch. Ganz wichtig: Nehmen Sie sich Zeit! Trennen Sie zuhause einen Teil des Raumes ab, wenn er dort nicht zur Ruhe kommt und sofort bei Ihnen ist, wenn Sie sich bewegen. Auf diese Weise kann Ihr Hund Sie nicht mehr verfolgen. Manche Border Collies kommen auch nur zur Ruhe, wenn Sie in einem anderen Raum oder in einem Kennel (Hundebox) sind.

WICHTIG

● ● ● ●

Achtung: Eine hohe Erregungslage ohne Impulskontrolle kann zu starken Verhaltensproblemen bis hin zur Selbstzerstörung führen.

Ein bei diesem Verhalten oft empfohlenes Ruhe-Training ist nur dann sinnvoll, wenn es nicht unter eine Erwartungshaltung über ein Belohnungssystem gesetzt wird. So nach dem Motto: Bleib auf deiner Decke, dann gibt's den Jackpot. Border Collies verknüpfen sehr schnell und liegen dann in einer starren Erwartungshaltung auf ihrer Decke, bis das auflösende Kommando für den Jackpot kommt. Dies hat mit einem Ruhe-Training nichts gemein.

Reagieren Sie nicht immer auf seine »Angebote«, so verlockend diese auch sein mögen. Spielen Sie zuhause mit einem Spieli und lassen Sie den Hund nicht mitspielen. Ihr Border Collie bekommt das Spieli auch nicht, wenn er brav neben Ihnen wartet. Sie haben ihn nicht dazu eingeladen. Er ist in diesem Moment einfach nicht dran. Punkt! Auch das kann er lernen.

Wenn Sie ihm jedes Mal verbieten müssen, an etwas dranzugehen, das Sie in der Hand halten, haben Sie schon ein Problem.

Lassen Sie Ihren Border Collie nicht selbst entscheiden. Wenn Sie Spielzeug oder etwas anderes einsetzen, zum Beispiel einen Gegenstand, den er suchen soll, sollte er zuvor gelernt haben, dass Sie ihn dazu einladen, sich mit diesem zu beschäftigen. Wenn Sie nichts sagen, geht es ihn auch nichts an, egal wie wild Sie mit Spielis um sich werfen.

Das gilt auch für das freie Spielen. Wenn Sie ein Spielzeug in die Hand nehmen, können Sie Ihrem Hund ein Spielangebot machen. Folgt kein Spielangebot von Ihnen an den Hund, geht ihn auch das Spielzeug in Ihrer Hand nichts an. Wenn er Ihnen ein Spielangebot macht, nehmen Sie es mal an und mal nicht. Wenn er Ihnen ein Spielangebot mit einem Objekt macht, nehmen Sie das Teil an sich und laufen Sie ihm davon. Sie werden sehen, wie überrascht Ihr Hund erst einmal sein wird. Auch hier gilt wieder: Passen Sie die Intensität des Spiels dem Hundetyp an.

GUT ZU WISSEN

Es ist besser, das Spielzeug dem Hund zuzuwerfen als von ihm weg.

Ich kenne genug Border Collies, die bei dem Anblick eines Spielis so fokussiert auf dieses sind, dass sie nichts anderes mehr wahrnehmen.

Oft kommt dann die Aussage: »Das ist beim Hüten auch so. Der Hund muss fokussiert sein.« Das stimmt. Nur mit dem Unterschied, dass der Border Collie sehr wohl noch sein Umfeld wahrnimmt und sich mit Pfiffen oder Kommandos lenken und auch unterbrechen lässt.

Taff online und Taff offline.

WICHTIG

● ● ● ●

Bitte bedenken Sie: Wenn Ihr Hund von Welpenbeinen an nicht gelernt hat, sich zu beherrschen, wird es sehr schwierig für ihn werden, dies noch zu lernen. Sie brauchen dabei sehr viel Geduld.

Impulsive Tipps

Es gibt verschiedenen Möglichkeiten, die Selbstkontrolle/Impulskontrolle zu fördern, zu erlernen und beizubehalten.

Tipp 1:
Lassen Sie Ihren Border Collie in Ruhe und mit Ruhe erwachsen werden.

Tipp 2:
»Nein«, »Bleib« und »Hier« sollte er verinnerlicht haben.

Tipp 3:
Sichern Sie beim Training Ihren Border Collie mit der Leine ab, falls er die drei Zauberwörter noch nicht verinnerlicht haben sollte.

Tipp 4:
Sorgen Sie dafür, dass Ihr Border Collie die drei Zauberwörter verinnerlicht, damit es auch ohne Leine klappt.

Tipp 5:
Nutzen Sie Alltagssituationen und stellen Sie den Hund hier nicht vorab schon unter ein Kommando wie z.B. »Bleib«: Kicken Sie Steinchen. Schaut ihr Hund nur, loben Sie ihn. Geht er hinterher, verbieten Sie es. Dabei sollte der Hund immer mit der Leine abgesichert werden, damit Sie das Verbot auch durchsetzen können. Kicken Sie immer mal wieder ein Steinchen, bis sich Ihr Border Collie nicht mehr dafür interessiert. Das gleiche können Sie mit Stöckchen und Schneebällen machen.

Mogli kann auch impulsiv.

Freunde von uns waren immer total enttäuscht, wenn sie unserem Border Collie einen Stock geworfen haben und dieser noch nicht mal im Ansatz darauf reagiert hat.
Stöckchenwerfen ist ohnehin meiner Meinung nach eine dumme Idee. Die Hunde können sich beim Fangen des Stocks und auch beim Blödeln mit diesem schwer verletzen. Es ist besser, wenn Sie das Training zur Impulskontrolle in den Alltag einfließen lassen. Werfen Sie mit Gegenständen, Bällen etc. um sich und verbieten Sie ihm ranzugehen. Machen Sie dies immer mal wieder. Ihr Border Collie wird sich zwar Sorgen um Sie machen, aber dies irgendwann als normal abspeichern.

Tipp 6:
Geben Sie Ihrem Border Collie das Kommando »Bleib« und werfen Sie einen Gegenstand (von mir aus auch einen Ball). Ihr Border bleibt? Wunderbar! Lassen Sie den Ball bitte liegen und rufen Sie voller Begeisterung »Juhu« oder etwas anderes. Sie können dabei auch eine Handbewegung machen. Wenn Ihr Border Collie immer noch bleibt, ist das super. Laufen Sie dann zu dem Ball hin und gehen vor ihm in die Hocke. Begrüßen Sie den Ball überschwänglich. Wenn Ihr Border Collie immer noch bleibt, ist das genial. Vielleicht ruft er auch die Rettung, weil er sich nun doch Sorgen um sie macht.

Piccolina kontrolliert ihren Impuls. (Bild Privatarchiv)

Tipp 7:
Das Training zur Impulskontrolle bitte immer variabel und alltagsbezogen gestalten. Dann klappt es (hoffentlich immer) auch bei unerwarteten Situationen.

Ein schönes Zusammenleben mit dem Border Collie!

Alltag und Erziehung gehören zusammen

Nala hat die Zauberwörter drauf.

Die Zauberwörter

- Ruhe
- Spazieren gehen
- Warten lernen
- Kommen lernen
- »Du bist jetzt nicht dran« lernen
- Verbot- oder Unterbrechungssignal akzeptieren

Zur Ruhe gehört Folgendes

Schlafen, Faulenzen, lange Spaziergänge, Schnüffeln, mit Artgenossen spielen, Streicheleinheiten, Fressen, Kauzeug kauen, Beschäftigung, die den Border Collie nicht hochfährt. Das ist mit Ruhe gemeint. Es wäre ja furchtbar langweilig für den Border Collie, wenn Ruhe ausschließlich Ruhe bedeuten würde.
Wenn Sie dies die ersten 18 Monate, je nach Hundetyp kürzer oder auch länger,

berücksichtigen, und Ihren Border Collie nicht wie ein »Dauerarbeitsgerät« behandeln, kann er ein traumhaft toller Begleiter werden. Mit einem Border Collie, der nur beschäftigt wird, kann kein Alltag stattfinden.
Wie schon erwähnt, hat der Border Collie viele »Einschaltknöpfe«, aber nur einen »Ausschaltknopf«, der programmiert werden muss. Der Border Collie neigt dazu, immer »An« zu sein. Vermischen Sie daher NIE Alltag und Beschäftigung.

Ein Beispiel dazu:
Sie hantieren in der Küche, Ihr Border kommt dazu und Sie lassen ihn mal

Ein schöner und aufregender, aber keinesfalls aufgeregter Tag für Mogli mit Freundin Lynette.

schnell einen Trick ausführen. Machen Sie dies öfter, wird er eine Verknüpfung herstellen und die Küche wird zu seinem Arbeitsplatz.
Der häusliche Bereich ist nicht für Beschäftigung gedacht. Sie brauchen im Haus keinen Hund, der ständig auf Aufträge von Ihnen wartet.

Ein schöner Satz meiner sehr geschätzten Kollegin Uschi Rudolf lautet: Die wichtigsten »Kommandos« sind »Nein«, »Bleib« und »Hier«. Alle anderen sind Verzierungen.

»Nein«, wenn der Hund etwas lassen soll, wie zum Beispiel etwas Unerlaubtes fressen.
»Bleib«, wenn der Hund warten soll, zum Beispiel, wenn Sie die Türe öffnen.

Berger Blanc Suisse x Australian-Shepherd-Mix-Rüde Odin kann »Alltag« ...

Taff kann Katze.

»**Hier**«, wenn er auf Ihren Rückruf zu Ihnen kommen soll.
Natürlich können Sie die genannten Kommandos auch anders benennen. Es gibt keinen Kommando-Katalog.

Erziehung vs. Ausbildung?

Was ist Erziehung?
Der Hund soll sich benehmen können. Der Alltag ist nicht vorhersehbar. Erziehung ist die Vorbereitung auf Unerwartetes! Erziehung übt man nicht, Erziehung findet statt.

Was ist Ausbildung/Training?
Das Beherrschen von einstudierten Abläufen meist mit einem Trainingsbild. Ein Trainingsbild ist ein vorgegebener Bereich. Zum Beispiel der Hundeplatz oder ein Bereich ohne Ablenkung. Der Hund hat ein Trainingsbild und einen Trainingsbereich, in dem alles gut klappt, und wenn das Bild/der Bereich weg sind, ist auch der Hund weg, geistig und/oder körperlich.
Es ist erstaunlich, wie viele Border Collies gut trainiert, aber schlecht erzogen sind. Sie funktionieren wie Maschinen in bestimmten Bereichen, sind aber oft nicht fähig, den Alltag zu meistern. Das bedeutet Stress für Halter und Hund,

Shadow, der Schnüffler

denn der Alltag überwiegt. Daher: Erziehung vor Beschäftigung.

Ein kleines Beispiel zum Verständnis: Erzogener Hund

Der Hund läuft an der Leine, schnüffelt, erkundet seine Umgebung, ohne ein einziges Mal die Leine auf Zug zu bringen.

Ein kleines Beispiel zum Verständnis: Trainierter Hund

Der Hund läuft an der Leine ganz eng an seinem Halter klebend und hält dauerhaften Blickkontakt. Auch schafft er es, eine Stunde im Kommando »Platz« zu liegen. Derselbe Hund springt zur Begrüßung stürmisch Leute an, schubst und rempelt. Ist dieser Hund gut trainiert oder gut erzogen?

Verwechseln Sie bitte Training nicht mit Erziehung. Training wäre zum Beispiel Klavierspielen, Erziehung ist »Danke«, »Bitte«, »Guten Tag« und »Auf Wiedersehen«.

GUT ZU WISSEN

Der Spaziergang ist Freizeit für den Hund. Er sollte nicht ständig mit Kommandos belästigt werden, sondern seine Umwelt wahrnehmen und schnüffeln dürfen.

Nehmen Sie Alltags-Gelegenheiten wahr

Radfahrer, Jogger und Artgenossen kreuzen Ihren Weg. Sprechen Sie Ihren Border Collie an und nehmen Sie ihn zu sich. Wenn Sie Ihren Hund wieder freigeben, darf er wieder schnüffeln und seiner Freizeit nachgehen, nicht dem Radfahrer, Jogger oder Artgenossen.

Erziehungsmethoden?

Das Mensch-Hund-Gespann ist so individuell, dass es DIE EINE METHODE nicht gibt. Suchen Sie sich einen Hundetrainer, der die Fähigkeit besitzt, um die Ecke zu denken. Wer nur nach einer Methode arbeitet, muss noch viel lernen.

Joy, Skye und Delia – jeder Hund ist individuell.

Zusätzliches für den Alltag

Auch wenn Sie meinen, einige Sachen würden Sie nicht betreffen: Oh, doch, sie betreffen Sie. Und wenn es bei dem einen Hund nicht nötig war, so kommt der nächste und braucht (vielleicht) alles.

Eine kleine Geschichte dazu

Eine mir bekannte Jägerin ist der Meinung, dass Hunde ausschließlich links geführt werden. Ich sehe das hingegen anders: Hunde sollten auf beiden Seiten leinenführig laufen können. Das war immer ein Diskussionspunkt zwischen uns beiden. Der neunjährige Rüde der Jägerin erleidet einen Bandscheibenvorfall, wird operiert und soll Reha machen. Die Physio-Therapeutin empfiehlt Übungen für zuhause, die links- und rechtseitig ausgeführt werden müssen. Es war für den Rüden, der neun Jahre ausschließlich links lief, nicht nachvollziehbar, auf der rechten Seite zu gehen und vor allem dort zu bleiben. Er wollte immer wieder wechseln, da ihm das Rechtslaufen stets untersagt und auch korrigiert wurde. Lernerfolg für meine Bekannte: Ihre Hunde laufen seitdem links und rechts bei ihr und schaffen trotzdem jede jagdliche Prüfung.

Dinge, die Ihr Border Collie zusätzlich, aber nach und nach, kennenlernen und können sollte

Autofahren

Es kommt immer darauf an, ob Ihrem Hund übel wird, ob er Angst hat oder schlechte Erfahrungen gemacht hat. Vielleicht hat er auch noch nie ein Auto von innen gesehen. Es gibt Hunde, die eine sehr langsame Herangehensweise brauchen. Andere Hunde übergeben sich einmal bei der Fahrt im Auto und anschließend ist alles okay. Für wieder andere ist das Autofahren überhaupt kein Thema.

Ein Beispiel von meinen Hunden:
Fonse, Zwergspitz, Tierschutz-Hund, 19 Stunden Autofahrt. Als wir ihn im Mai 2021 übernahmen, war er fünf Monate jung und absolut autofahruntauglich. Schon alleine die Nähe des Autos löste bei ihm massiven Speichelfluss aus. Da ich als Hundehalterin (als Trainerin nicht) auch gerne den bequemen Weg nehme, habe ich zuerst einiges ausprobiert: Tabletten und Sprays vom Tierarzt, Schüssler- Salze, Bachblüten ... Nicht täglich etwas anderes und natürlich nicht alles durcheinander verabreicht! Es war immer ein guter Abstand dazwischen, damit ich auch sehen konnte, ob etwas hilft und wenn ja, was. Vorne sitzen, hinten sitzen, in der Box sitzen, im Fußraum sitzen, auf dem Schoß vorne sitzen, auf dem Schoß hinten sitzen, mit den anderen in der Box sitzen, alleine in der Box sitzen, mit Jazz in der Box sitzen, mit Jackson in der Box sitzen, mit Pasta in der Box sitzen, in einem Hundestuhl sitzen, in Tellington-Bänder gewickelt im Auto sitzen. Nichts hat geholfen, nicht mal ansatzweise. Speicheln und auch Übergeben waren an

der Tagesordnung. Mit Futter zu arbeiten ging gar nicht. Mittlerweile hatten wir uns Lätzchen nähen lassen, weil der Speichel das Fell massiv verklebte.
Mist, bequem funktioniert nicht. Ich muss daran arbeiten. Ich habe im Juli 2021 mit dem Training begonnen.

Schritt 1:
Täglich mehrmals am Auto vorbeigehen, ohne dass etwas passiert. Das lief über vier Wochen so. Als es ohne Spucketropfen ging, kam der nächste Schritt.

Schritt 2:
Mehrmals täglich zum Auto gehen und die Türen öffnen, ohne dass etwas passiert. Das ging erstaunlich gut und schnell. Kein Tröpfchen kam aus seinem Maul. Wir zogen das noch zwei Wochen durch.

Schritt 3:
Hund ins Auto setzen. Sofort ging das Speicheln los. Zurück zu Schritt 1, passt. Schritt 2, passt. Schritt 3, geht nicht. Ich muss zu Schritt 4 springen.

Schritt 4:
Hund ins Auto packen, mit ihm um die Ecke fahren und bevor es ihm richtig schlecht wurde, aussteigen und einen schönen Spaziergang machen. Zurück zum Auto, Hund ins Auto setzen, rum um die Ecke und bevor ihm schlecht wurde, war er schon wieder raus aus dem Auto.
Aufmerksame Nachbarn haben mich nach Tagen gefragt, warum ich das kurze Stück nicht zu Fuß laufe.

Erfolg Nr. 1 im September.
Beim Um-die-Ecke-Fahren kein einziges Tröpfchen mehr. Beim Zurückfahren um die Ecke ein kleiner Speichelfaden.

Erfolg Nr. 2 im Oktober.
Bei Hin- und Rückfahrt um die Ecke kein Tropfen. Dranbleiben, weitermachen!

Erfolg Nr. 3 auch im Oktober.
Eine 10-minütige Probefahrt zu einem, endlich anderen, Gassiweg blieb speichelfrei. Dranbleiben, weitermachen!

Erfolg Nr. 4
Seit Anfang Dezember 2021 auch bei längeren Fahrten von 30 Minuten kein Speicheln mehr.

Erfolg Nr. 5
Seit Januar 2022 springt er von alleine ins Auto und wartet, man glaubt es kaum, auf sein Einsteige-Leckerli.
Geduld, kleine Schritte und Dranbleiben zahlen sich aus. Zur Beruhigung für uns alle: es geht manchmal auch viel schneller.

Hundebox

Eine Hundebox ist sehr sinnvoll. Jeder Hund sollte eine/n Hundebox/Gitterkennel/Stoffbox kennenlernen.

Mogli kann Autofahren und kennt die Box.

Ein guter Züchter hat hier schon Vorarbeit geleistet. Es kann in einem Hundeleben immer mal vorkommen, dass es nötig wird, einen Hund in eine Box zu geben. Und wenn der Hund dies kennengelernt hat, wird er damit auch kein Problem haben.

Beispiel Tierklinik: Ihr Hund hat einen operativen Eingriff und muss in der Klinik bleiben. Das ist für alle Beteiligte schon heftig genug. Wenn der Hund eine Box kennt und diese auch positiv abgespeichert hat, könnte ihm das in der Tierklinik helfen. Wenn er das nie kennengelernt hat und dann auch noch »eingesperrt« ist, könnte ihn das stressen oder auch traumatisieren, je nach Hundetyp. Eine Box sollte keine dauerhafte Aufbewahrungsstätte für den Hund sein. Dies verstößt auch gegen das Tierschutzgesetz.

Tierarzt

Sich vom Tierarzt anfassen zu lassen ist sehr, sehr wichtig und jeder Tierarzt ist ihnen zutiefst dankbar für Ihre Vorarbeit. Nehmen wir das Thema »Sich generell überall anfassen lassen«, gleich mit dazu. Trainieren Sie von Anfang an, dass sich Ihr Hund von Ihnen überall anfassen lässt. Sie können das gezielt trainieren und ein »Anfassen-Training« machen. Sie können das einbauen, während Ihr Hund mit Ihnen kuschelt oder Sie ihn streicheln. Hierbei bitte den Hund nicht jedes Mal damit nerven. Es ist Ihre und

Hündin Scully und Rüde Taff sind not amused.

seine Quality-time und die sollte angenehm bleiben. Ein Medical Training ist empfehlenswert. Wird in Hundeschulen und auch in Tierarztpraxen angeboten. Bleiben Sie ein Hundeleben lang dran. Es erspart ihrem Hund und seinem Umfeld eine Menge Stress.
Sich überall anfassen lassen, wenn es notwendig ist, zum Beispiel beim Ohrentropfen- oder Augentropfengeben, Zeckenentfernen usw. Auch mal von Fremden anfassen oder halten lassen, wenn sein Halter dabei ist. Bitte verwechseln Sie das Training nicht damit, dass sich Ihr Hund von jedem beliebigem Menschen, der ankommt, anfassen lassen muss. Das ist nicht das Ziel. Aber er sollte es zulassen können, wenn es benötigt wird.

Maulkorb

Maulkorb-Training ist auch sehr wichtig. Zum Beispiel beim Tierarzt, falls das Anfassen, aus welchen Gründen auch immer, nicht klappt. Es ist für Ihren Hund schlimmer, wenn man ihm den Maulkorb aufzwingen muss. Egal, ob Sie (eigentlich der Hund) den Maulkorb jemals brauchen oder nicht. Trainieren Sie dies regelmäßig. Wenn ein Maulkorb benötigt wird, sollte dieser perfekt sitzen. Wenn Ihr Hund den Maulkorb länger tragen muss, zum Beispiel in der Bahn, dann muss er damit trinken und hecheln können. Maulschlaufen sollten nicht verwendet werden. Der Hund kann damit weder trinken noch hecheln. Sie sind nur für ganz kurze Anwendungen (meist beim Tierarzt) gedacht.

Fellpflege

Sich überall kämmen lassen, Zecken entfernen und Kletten rauszupfen (Border-Collie-Halter wissen, was ich meine) sind auch wichtige Aspekte und gehören zum »Anfassen-Training«. Der Hundefrisör wird Sie und Ihren Hund lieben, wenn dies klappt. Achten Sie beim Kämmen Ihres Hundes auf das richtige Equipment. Nicht jede Bürste passt zu jedem Fell. Lassen Sie sich von einem Hundefrisör beraten. So ist es auch beim Entfernen einer Zecke. Karte, Zange, Schlaufe? Ausprobieren, mit was Sie gut klarkommen. Haben Sie dann gleich mehrere dieser Dinger im Haus und ganz wichtig im Auto liegen!
Fummeln Sie bitte nicht immer an Ihrem Hund herum, wenn dieser schlafen möchte, auch wenn er da besser stillhält. Das können Sie ab und zu machen, wenn Sie Ihren Hund in den Schlaf streicheln. Üben Sie Fellpflege gezielt, kurz und knackig.

Mal woanders bleiben

und eine andere, nicht im Haus lebende »Bezugsperson« kennen (Notfallperson) gehört auch mit zu den wichtigen Angelegenheiten. Das kann eine Hundepension sein, Freunde, gute Bekannte, Nachbarn, ihr Hundetrainer oder wer auch immer. Wichtig ist, dass Ihr Hund diesen Menschen mag, akzeptiert und anerkennt. Es sollte eine feste und nicht ständig wechselnde Bezugsperson sein. Stellen Sie Regeln zum Umgang mit Ihrem Hund auf.

Alleine bleiben
Ist auch superwichtig und muss von Anfang an trainiert werden. Es ist schön, wenn Sie Ihren Hund überall mit dabeihaben können. Aber es gibt immer Situationen, in denen dies nicht möglich ist oder der Hund aufgrund einer Erkrankung oder Operation zuhause bleiben muss. Auch wenn Sie gut organisiert sind, das Umfeld ist es vielleicht nicht und der Hundesitter eventuell nicht ganz so spontan und flexibel, wie Sie es gerne hätten. Trainieren Sie in kleinen Schritten und fangen Sie im häuslichen Bereich an.

Hunderampe
für den alten oder kranken Hund oder schwere Rassen, die nicht springen sollen: Das Rampegehen kann relativ einfach trainiert werden und wird vom Hund oft schnell akzeptiert. Sie können für den Anfang die Rampe auf den Boden legen und den Hund immer wieder von beiden Seiten drüberführen. Wenn Sie Leckerli einsetzen, führen Sie dieses nah am Boden der Rampe entlang, damit der Hund die Rampe wahrnimmt. Wenn das

Mogli, die Rampensau.

gut klappt, geben Sie ein Kommando dazu, zum Beispiel »Einsteigen«, und führen Sie den Hund wieder über die Rampe. Stellen Sie dann die Rampe immer ein Stück höher. Manche Hunde brauchen aber kein Training und laufen die Rampe einfach so. Bei Border Collies bitte darauf achten, dass sie die Rampe nicht hoch- und runter »schießen«.

Karo beim »Parken«. Er hat sich für eine Wanne entschieden. Viel Spaß beim Schleppen.

Wenn Sie den Raum verlassen, kommt auch der Hund mit. Die »Parken«-Decke wird mit keinem »Bleib« verbunden. Sie dient einzig und allein der Auszeit.
Wenn Ihr Border Collie das »Parken« beherrscht, dürfen Sie eine kleine Ablenkung einfließen lassen und dieses dann suuper laaangsam steigern, denn er soll auch »Parken« können, wenn mal der Bär steppt.
Das Training mit der »Parken«-Decke braucht Zeit, Ruhe und Geduld. Wenn Sie darauf keine Lust haben, beginnen Sie gar nicht erst damit. Wenn Sie aber Zeit, Ruhe und Geduld mitbringen, dann wird die »Parken«-Decke für Sie und Ihren Border Collie der Schaaatzsss aus »Herr der Ringe« werden.

»Nein«, »Bleib«, »Hier«, »Sitz«, »Platz«, Leinenführigkeit

Das sind Dinge, die Ihr Border Collie als Welpe hoffentlich schon gelernt hat und jetzt kann.
Zu »**Nein**«, »**Bleib**« und »**Hier**« sei noch gesagt, dass diese Kommandos IMMER konsequent eingehalten werden müssen. Wenn Sie hier die Diskussionsmütze

aufsetzen, haben Sie schon verloren. Achten Sie mal bewusst darauf, wie oft Ihr Hund Kommandos umgeht. Sei es durch ein Nachrutschen beim »Bleib« oder ein Springen aus dem Auto, obwohl er warten sollte. Hund wieder ins Auto einsteigen lassen, Kofferraum-Klappe zu, kurz warten, das Ganze von neuem beginnen.
Oder macht er aus einem »Sitz«-Kommando regelmäßig ein »Platz«? Markiert er bei Ihrem Rückruf immer noch schnell einen Baum/Strauch (ist übrigens kein Beschwichtigungssignal) und zögert so das Zu-Ihnen-Kommen regelmäßig raus.
Wenn Ihr Hund am Abend mehr Pluspunkte auf seinem Konto hat als Sie, sollten Sie dringend daran arbeiten. Ihr Punktekonto wird immer dann fällig, wenn es Probleme gibt. Also sammeln Sie kräftig!

Ablenkungen einbauen

Für das Bestehen im Alltag ist das unerlässlich.

Das Einbauen von Ablenkungen funktioniert aber nur, wenn Ihr Border Collie die drei wichtigsten Kommandos »Nein«, »Bleib« und »Hier« verinnerlicht hat und diese auch zuverlässig ausführt.

Achten Sie darauf, das Training variabel zu gestalten.

Beispiel für eine variable Trainingsgestaltung

Ihr Hund bekommt das Kommando »Bleib«, Sie werfen zum Beispiel einen Ball (endlich dürfen Sie einen Ball werfen), der Hund bleibt zuverlässig und Sie holen den Ball wieder.
Der Hund bekommt das Kommando »Bleib«, Sie werfen einen Ball (zwei Bälle hintereinander werfen, wir übertreiben es voll), der Hund bleibt zuverlässig und darf zur Belohnung den Ball holen.
Der Hund bekommt kein Kommando und Sie werfen den Ball. Wenn Ihr Hund dem Ball nachgeht, bekommt er ein Unterbrechungssignal. Er sollte die Handlung zuverlässig abbrechen. Sie können dann entscheiden, ob Sie den Ball holen oder den Hund losschicken. Tipp von mir: Holen Sie den Ball öfter als Ihr Border Collie.
Ihr Hund ist frei, hat aber das Kommando bekommen, neben Ihnen zu laufen. Sie ziehen einen Ball aus der Tasche und werfen diesen. Ihr Hund hat auf Ihrer Höhe zu bleiben.
Ihr Hund läuft frei, darf schnüffeln oder was auch immer. Sie ziehen einen Ball aus der Tasche und werfen diesen. Ihr Hund reagiert auf den Reiz, Sie unterbrechen Ihn, er reagiert zuverlässig und

darf zur Belohnung den Ball holen. Egal ob Sie den Hund unter ein Kommando gestellt haben oder nicht, einem Reiz sollte er nur hinterhergehen, wenn Sie es erlauben.
Das sind einige wenige Möglichkeiten der variablen Gestaltung. Man kann das problemlos erweitern.
Machen Sie diese Übungen bitte nicht alle hintereinander. Sie sollten auch nicht täglich oder mehrmals die Woche wiederholt werden. Lassen Sie immer ein paar Tage verstreichen und üben Sie am besten immer dann, wenn Ihr Hund es nicht erwartet. Ihr Border Collie wird Sie irgendwann (eigentlich ziemlich schnell) durchschauen.

Das Ignorieren – ein oft empfohlenes »Werkzeug«

Wann ignoriert man ein Verhalten? Ein dauerhaftes Ignorieren Ihres Hundes kommt einer Missachtung gleich. Ein Ignorieren kann sogar ein Verhalten bestärken, nämlich dann, wenn dieses für Ihren Border Collie selbstbelohnend ist. Und er hat viel, was ihn selbst belohnt.

In welcher Situation kann das Ignorieren Sinn machen?

Ein Beispiel: Sie bleiben stehen und Ihr angeleinter Border Collie fängt neben Ihnen an rumzunölen, weil er gerne

Joy ignoriert Delia.

weitergehen würde. Stellen Sie sich auf die Leine, zählen Sie die Wolken und warten Sie, bis sein Anfall vorbei ist. Wenn Ruhe ist, nehmen Sie die Leine wieder auf und gehen weiter.
Hier bitte aber immer auf die Bedürfnisse Ihres Hundes achten. Ist es ein Welpe, der müde ist, weil Sie schon lange gemeinsam unterwegs sind? Ist es ein alter Hund, der gewisse altersbedingte Eigenheiten an den Tag legt? Ist es sehr kalt und friert Ihr Hund vielleicht? Ist es sehr warm und Ihr Hund möchte gerne in den Schatten? Hat Ihr Hund überhaupt gelernt, zu warten?

In welcher Situation macht das Ignorieren keinen Sinn?
Zwei Beispiele: In einer Besucher-Situation, wenn Ihr Hund den Gast dauerhaft bedrängt und immer wieder anspringt. Wenn Ihr Hund sich unwohl fühlt und Ihre Nähe sucht.
Wenn Ihnen Ihr Border Collie immer wieder Sachen zum Werfen vor die Füße legt, können Sie dies ignorieren. Hört er nach kurzer Zeit damit auf, ist es gut. Macht er damit weiter, macht das Ignorieren keinen Sinn. Brechen Sie sein Verhalten durch ein Verbotssignal ab. Wenn das auch nicht hilft, nehmen Sie ihn bitte an die Leine oder bringen ihn in seinen Ruhebereich. Spielzeug steht für diesen Hund dann nicht mehr zur freien Verfügung. Hier reflektieren Sie sich bitte selbst. Haben Sie das Verhalten immer mal wieder bedient und den Gegenstand geworfen? Wurde das Verbotssignal auch wirklich gut durchgesetzt oder sind Sie da eher lasch und inkonsequent? Zeigt Ihr Border Collie bereits Suchtverhalten und kann nicht anders?

Das viel diskutierte Wort »Nein«

Warum sollte man eigentlich nicht mehr »Nein« sagen dürfen? Weil dieses Wort negativ behaftet ist? Nicht das Wort ist entscheidend, sondern die Körpersprache und die Tonlage dazu. Das Unterbrechen des Hundes bei einer Handlung, die er nicht weiter verfolgen soll, dient überwiegend der Gefahrenvermeidung und gehört somit zu einem der wichtigsten Kommandos in der Erziehung. Wer mit dem Wort »Nein« ein Thema hat, kann auch »Leberkässemmel« (für Nicht-Bayern: »Fleischwurstbrötchen«) sagen. Der vermittelte Inhalt bleibt durch Körpersprache und Tonlage der gleiche.

Der Rückruf

Egal in welchem Alter Sie den Hund übernehmen: Bestätigen Sie zu Anfang jede Kontaktaufnahme – einen Blick, ein

Annähern, einen Körperkontakt – des Hundes in Ihre Richtung **(*achten Sie auf den Widerspruch rechts)**. Er muss nicht immer kommen (außer Sie rufen ihn zu sich). Es reicht, wenn Sie seine Kontaktaufnahme bestätigen. Mal durch ein Lob, mal durch ein Leckerli (bitte hier nur am Anfang bzw. sehr dosiert), mal durch ein Streicheln, mal durch ein Lächeln. Spielzeug lassen Sie bitte ganz weg.
Sie können den Hund auch aktiv dazu einladen, zu Ihnen zu kommen, indem Sie ihn rufen und dabei in die Hocke gehen. Oder Sie rufen ihn und laufen dabei rückwärts von ihm weg. Gestalten Sie das Ganze immer positiv und entlassen Sie ihn, bevor er sich selbst entlässt. Verzichten Sie darauf, ihn heftig zu streicheln oder an sich zu drücken.
Verzichten Sie auch darauf, ihn »ranzufüttern«, um ihn dann zu packen und anzuleinen. Wenn Sie dies öfter machen, wird ihr Hund sich Ihnen nur noch soweit annähern, dass ein Zugriff Ihrerseits nicht möglich ist.
Es empfiehlt sich beim Rückruf- oder Orientierungs-Training, sich von einem Trainer Ihrer Wahl unterstützen und anleiten zu lassen. Denn in der Theorie klingt alles immer so einfach. Bei der Umsetzung merkt man dann, wie schwer es sein kann. Wenn der Trainer Ihnen die Schleppleine empfiehlt, dann wäre es sinnvoll, wenn Sie diese dann auch einsetzen würden. Es lohnt sich.

***Achtung – der Widerspruch zu links:** Beim Border Collie kann ständiges Bestätigen der Kontaktaufnahme zu einem Auftrag für ihn werden. Er nimmt dann ständig zu Ihnen Kontakt auf und interessiert sich nicht mehr für sein Umfeld. Ein normaler Spaziergang ist nicht mehr möglich. Er braucht immer wieder eine Freigabe, um laufen zu können. Das klingt im ersten Augenblick ganz toll. Für den Border Collie ist es aber Stress, sich in einer ständigen Erwartungshaltung zu befinden. Der Spaziergang macht ihn nicht mehr zufrieden, ausgeglichen und müde.

Bitte beschallen Sie Ihren Border Collie nicht dauerhaft und lassen Sie ihn nicht ständig Kommandos ausführen. Der Hund kann nicht mehr abschalten und der Spaziergang wird zum »Job«. Wenn Ihr Border Collie gelernt hat, auf Sie zu achten, lassen Sie ihn in Ruhe. Sprechen Sie ihn ab und zu an, um zu überprüfen, dass er noch »anwesend« ist. Dosieren Sie Ihr Lob, damit Sie weiterhin Hundehalter bleiben und nicht zum Auftraggeber werden. Der Spaziergang soll Ihren Hund zufrieden und müde machen.
Rückfragen des Hundes sind jedoch erlaubt und wichtig: Rückfragen, ob man nach links oder rechts geht; Rückfragen, ob er die Freigabe bekommt, zu einem Artgenossen zu laufen; Rückfragen, ob er

Augen zu und durch … Gruß Delia.

die Vögelchen jagen darf (bei den Vögelchen hätte ich gerne immer ein »Nein« als Antwort).

Dies sind einige wesentliche Dinge, die Sie Ihrem Border Collie beibringen müssen, bevor das Tricktraining drankommt. Alles, was er im Vorfeld kennengelernt hat und auch kann, wird ihn in einer extremen Situation (zum Beispiel eine schmerzhafte Verletzung, die vom Tierarzt behandelt werden muss) weniger bis gar nicht stressen. Auch hier gilt wieder: »Viele Wege führen nach Rom.« Suchen Sie für Ihren Hund und sich selbst den richtigen Weg aus. Bei allem, was Sie beginnen, ist Geduld das Zauberwort. Bleiben Sie dran und hüpfen Sie nicht von Tipp zu Tipp. Viel Spaß dabei!

Beschäftigung

Ein wichtiger Aspekt gleich zu Anfang: Spielzeug, das bewegt werden muss, zum Beispiel ein Futterball oder ein wackelnder, wippender Gegenstand, der zur Selbstbeschäftigung gedacht ist, sollte beim Border Collie nicht zum Einsatz kommen.

Zur Selbstbeschäftigung sind für den Border Collie ein gefüllter Kauknochen, ein Kong zum Selbstbefüllen, der nicht wegrollen kann, oder eine Leckmatte, die mit Quark oder ähnlichem bestrichen wird, besser geeignet. Kauen und Schlecken beruhigt.

Joy und Schäferhund-Rüde Balu bei einem ausgelassenen Spiel.
Die beste Beschäftigung ever.

Eine schöne Beschäftigung für einen Hund ist das Spielen mit Artgenossen oder seinem Halter. Spiel findet immer freiwillig statt und die Positionen der Spielenden wechseln sich ab. Ein Beispiel: Sie werfen den Ball, Ihr Hund bringt ihn. Ihr Hund wirft und Sie bringen den Ball. Und das Ganze ohne Kommandos, dann ist es ein Spiel.

Border Collies brauchen Bewegung und Kopfarbeit. Es macht wahnsinnig viel Spaß, mit ihnen zu arbeiten. Ein Zuviel des Guten führt jedoch zu einer Überreizung und Ihr Border Collie kommt nicht mehr runter. Dadurch entstehen Probleme im Alltag. Aus diesem Grund sollten Bewegung und Kopfarbeit in einem ausgewogenen Verhältnis stehen.

Weniger ist mehr, so sollte stets das Motto lauten. Die Ruhe- und Schlafzeiten Ihres Hundes müssen deutlich überwiegen.
Border Collies müssen nicht täglich intensiv beschäftigt werden und bei jedem Spaziergang ein Gehorsamsprogramm absolvieren. *Sie* wollen in Ihrer Freizeit ja auch nicht ständig Matheaufgaben lösen müssen. Denken Sie daran: Der Spaziergang ist als Freizeit Ihres Hundes gedacht (ich wiederhole mich).
Es gibt mittlerweile unzählige Beschäftigungsangebote für Hunde. Einige davon sind allerdings eher etwas für den Menschen. Aber alles ist erlaubt, wenn es BEIDEN Spaß macht.

Wann darf/soll man einen Border Collie beschäftigen?

- Wenn er gelernt hat, sich schnell wieder runterzufahren.
- Wenn er einen guten Gehorsam hat.
- Wenn er nicht überdreht.
- Wenn er eine gute Impulskontrolle hat.
- Wenn er jederzeit ansprechbar ist.
- Wenn er gelernt hat, ruhig zu warten.
- Wenn Sie ihn nicht wegsperren müssen, während andere Hunde etwas machen.
- Wenn das Rückrufsignal etabliert ist und auch funktioniert.
- Wenn das Verbotssignal etabliert ist und auch funktioniert.

Mogli, Andrea und Emil genießen die Auszeit.

Machen Sie bitte keine halben Sachen! Und kein: »Eigentlich klappt es, aber nicht, wenn …«

GUT ZU WISSEN

Keine Beschäftigung ersetzt einen Spaziergang, das Spielen mit Artgenossen und das Spiel mit Ihnen. Beschäftigung kann zusätzlich stattfinden (je nach Border-Collie-Typ).

Andrea mit Emil und Mogli:
We Are Walking

Aktive Menschen, die sehr viel in der Natur unterwegs sind, haben im Border Collie einen tollen Begleiter. Egal ob Sie Rad fahren (bitte kein Rennrad), Joggen, Walken oder Wandern, der Border Collie ist gerne dabei. Radfahrer gewöhnen ihren Hund bitte früh an einen Hundeanhänger für das Fahrrad. Radfahrer, Walker und Jogger geben dem Hund bitte immer die Möglichkeit zum »Zeitunglesen«. Nur nebenher laufen ist nämlich langweilig. Schnüffelzeiten müssen sein.

Bällchen-Werfen ist keine geistige Beschäftigung, sondern monotones Abspulen einer Handlung. Ich nenne es »Borderverblödung«. Mensch wirft, Hund holt. Da ein Border Collie nicht müde wird, immer das Gleiche zu tun, wird er brav das Bällchen holen. Er mutiert zum Junkie und Sie werden zur Ballschleuder. Übrigens: Ballschleudern sind austauschbar. Wo der Ball ist, ist auch der Border Collie. Sie sind für Ihren Border Collie dann nicht mehr anwesend. Noch ein negativer Nebeneffekt: Die Gelenke des Hundes werden stark überbelastet.

Man neigt als Halter eines Border Collies gerne zur Überforderung des Hundes, da dieser immer wieder begeistert mitmacht. Bedenken Sie bitte, dass der Border Collie sich selbst nicht reguliert. Er wird zum Beispiel auch bei Hitze weitermachen, wenn Sie es wollen. Selten geht ein Border Collie von selbst aus einer Arbeitssituation. Sie sind sein »Regler«.

WICHTIG

Im häuslichen Bereich sollte stets Ruhe sein.

Einschalten

Bei Beschäftigungen jeglicher Form ist ein Einschalt-Kommando gut. Das könnte zum Beispiel »Action« lauten. Ihr Border Collie lernt, dass er nur loslegen darf, wenn er dieses Kommando gesagt bekommt. Ohne sein Einschalt-Kommando geht ihn alles nichts an.
Wie schaltet man ein? Hund zu sich holen und Leckerlis in die Hand nehmen, »Action« sagen und den Hund füttern (zwei bis drei Leckerlis) und dann mit der Übung beginnen.

Merke: In der Kürze liegt die Würze. »Überüben« Sie Ihren Hund nicht.

Wenn Sie sich für einen Hundesport entscheiden, der Übungseinheiten zuhause erfordert (zum Beispiel Obedience, Tricktraining, Dogdance und Co.), starten Sie die Übungseinheiten auch immer mit Ihrem Einschaltkommando. Achten Sie dabei darauf, dass Ihr Border Collie im Vorfeld ruhig bleibt. Er ist nur dran, wenn Sie ihn »einschalten«.

Herdenschutzhund-Mix Emil im Tiefschlaf. Finger weg!

WICHTIG

Schalten Sie ihn nie ein, wenn er fordernd ist. Ein Beispiel dazu: Sie setzen sich auf die Couch und Ihr Border Collie fängt an zu nerven. Sie können das Verhalten ignorieren (wenn es klappt) oder mit einem Verbotssignal unterbrechen. Sie stehen bitte NICHT auf und beschäftigen ihn. Holen Sie ihn nie aus dem Schlafzustand, wenn Sie üben wollen.

Ausschalten

Besonders empfehlenswert ist ein Ausschalt-Kommando wie zum Beispiel »Ende«.

Wenn das Kommando kommt, dann ist auch wirklich Ende.
Im Training, zum Beispiel auf dem Hundeplatz, wird der Hund nach dem »Ende«-Kommando umgehend angeleint und auf seinen Warteplatz gebracht. Zuhause reicht es, wenn Sie »Ende« sagen und Ihr Trainingsequipment wegräumen. Ihr Border Collie hat dann frei.

WICHTIG

Ende heißt Ende! Sollte Ihr Border Collie nach dem Wort »Ende« von sich aus noch den Trick zeigen, den Sie seit Wochen geübt haben, dürfen Sie das innerlich zur Kenntnis nehmen, mehr nicht!
Klingt komisch, ist aber wichtig!

Border Collies sind für viele Beschäftigungsmöglichkeiten geeignet. Aber sind die vielen Möglichkeiten auch für Border Collies geeignet?

Charly hat fertig.

Mogli: Wackeln macht schlank.

So viele Beschäftigungsangebote

Geräteturnen, einfach genial

Der Hund absolviert angeleint einen Parcours mit verschiedenen Untergründen, Wackelbrettern, Balancierkissen, Cavaletti, Hürden, schmalen Brettern und mehr. Wichtig ist, jedes Hindernis im Parcours ganz langsam zu bewältigen. Schritt für Schritt, dann stehenbleiben, vielleicht dem Hund auch mal ein »Sitz«

Mogli im Wackelmodus und schon deutlich schlanker.

Mogli an der Stange.

oder »Platz« auf dem Wackelbrett geben. Den Hund mal mit den Vorderbeinen auf dem Balancierkissen stehen lassen, mal mit den Hinterbeinen, mal mit allen vieren.

Info: Alle vier Beine zu koordinieren, auf die Geräte zu achten, sich zu konzentrieren, das macht müde und zufrieden. Kopf und Körper werden bedient. Solch einen Parcours können auch Kinder zusammen mit dem Border Collie unter genauer Anleitung bewältigen. Geräteturnen bitte immer unter fachlicher Anleitung durchführen.

Tricktraining

Bei diesem Training steht die positive Stimmung im Vordergrund. Hundehalter haben großen Spaß daran, ihrem Border Collie lustige Dinge beizubringen, wie zum Beispiel Pfote geben, Winken, sich schämen, etwas öffnen, etwas schließen und ganz viel mehr. Beim Tricktraining wird

Joy beim Tricktraining.

Auch der Schafe hütende Taff trickst gerne.

an Zeit für den Hund, Motivation und Lob nicht gespart. Dieser Trainingsform wird nachgesagt, dass man die erlernten Dinge in den Alltag übertragen kann. Dem Border Collie würde es schon genügen, wenn der Halter die Zeit, die Motivation und das Lob in den Alltag übertragen würde.

Info: Der erlernte Trick sollte möglichst zügig unter ein Kommando gestellt werden. Übermotivierte Hunde durch übermotivierte Halter neigen dazu, ihre Tricks gerne immer und überall, auch ohne Aufforderung, »auszupacken«. Es kann schon mal sein, dass Ihr Hund sein ganzes erlerntes Repertoire ohne »Einschalten« zeigt, wenn Sie Ihr »Wir-machen-jetzt-Tricktraining«-Gesicht aufsetzen. Warten Sie, bis er fertig ist, und trinken sie derweil eine Tasse Kaffee. Das war natürlich ein Scherz, Signalkontrolle ist das Zauberwort in dieser Situation.

Dogdance

Hier werden verschiedene Tricks und Teile der Fußarbeit aneinandergereiht und eine Choreografie zur Musik einstudiert.
Man kann Dogdance just for fun machen oder professioneller und auf Turniere gehen. Bei allem, was man mit dem Hund macht, sollte stets der Spaß im Vordergrund stehen! Bei den Turnieren liegt der Fokus auf dem Hund. Der Halter ist schmückendes Beiwerk und soll sich seiner Darbietung angemessen kleiden. Der Hund darf nicht verkleidet werden. Beim Dogdance gibt es keine Pflichtelemente, auch nicht bei den Turnieren. So kann man wunderbar auf Elemente und Kombinationen verzichten, die die Gesundheit des Hundes belasten.

Info: Dogdance ist mehr für den Menschen als den Hund, da Hunde nie von alleine auf die Idee kommen würden, zum Beispiel auf zwei Beinen rückwärts um den Menschen zu hüpfen oder Bewegungsabläufe, die nicht ihrem hündischen Verhalten entsprechen, zur Musik zu präsentieren. Aber es macht Spaß.

Andrea und Mogli – Slalom, wie er sein soll.

Ich mache es auch, für mich ist es aber nur ein »Nebeneffekt«. Meine Hündin ist eher das Nasenschwein ...

Obedience

Obedience wird gerne als hohe Schule der Unterordnung bezeichnet. Das Wort Unterordnung widerstrebt mir, nennen wir es doch hohe Schule der Ausbildung im Gehorsam mit Trainingsbild. Der Hund muss Kommandos wie »Steh«, »Fuß«, »Sitz« und »Platz« in absoluter Perfektion und möglichst schnell ausführen. Hinzu kommt das Apportieren, das Voranschicken, eine Geruchsidentifikation an Gegenständen, Distanzkontrolle, das Ablegen vom Hund und Akzeptanz gegenüber anderen Hunden.

Info: Man muss sehr genau und konsequent in der Umsetzung der Übungen sein. Der Hund muss sich dauerhaft konzentrieren und an seinem Halter orientieren. Halter denkt und lenkt, Hund führt aus.

Rally Obedience

Halter und Hund absolvieren gemeinsam einen Parcours, der mit Schildern gespickt ist. Diese geben vor, welche Aufgabe zu bewältigen ist. Der Hund

Ava wartet auf den Start.

darf währenddessen angesprochen und motiviert werden.

Info: Rally Obedience ist die spaßigere Form von Obedience, dabei sehen die Hundehalter meist etwas entspannter aus als beim Obedience. Es ist eine schöne und ruhige Form der Beschäftigung.

Agility

Hier wird ein Parcours mit verschiedenen Hindernissen möglichst schnell und fehlerfrei bewältigt. Durch die unterschiedlichen Hindernisse und wechselnden Richtungen muss der Halter seinen Border Collie frei führen, um ihn im Parcours lenken zu können. Agility stellt auch sportliche Ansprüche an den Halter.

Info: Oft trifft man beim Agility recht aufgeregte Border Collies an. Ihre Aufgeregtheit könnte man durch die richtige Vorbereitung beeinflussen (Infos dazu im Abschnitt »Der Border Collie, wenn es nicht einfach ist …«. Hier muss ich positiv bleiben. Durch die Sprünge, Wendungen im Parcours und beim Slalom, dem Auf- und Abstieg der A-Wand werden die Gelenke des Hundes belastet. Lassen Sie Ihren Hund regelmäßig durchchecken, wenn Sie Agility machen oder es machen wollen.

Dagility

Das heißt nur so, weil ich Dagi heiße. Ziel in dieser Sportart ist es, einen Parcours mit dem Hund zu laufen, der ausschließlich aus Tunneln besteht. Unsere Tunnel haben Namen, damit man sich den Parcours gut merken kann. Die Namen behalte ich für mich, sonst verliere ich hier an Autorität und Glaubwürdigkeit.

Blue beim Agi-Spaß-Turnier. (Bild Privatarchiv)

Delia hat den Tunnelblick.

Dieser Sport ist auch für Seniorin Vicky geeignet (Vicky ist der Border Collie).

Info: Jeder Hund kann mitmachen. Wir haben es für Herrn Husky und seine Hunde (acht Huskys und zwei Malamute), für die Agility-Rentner, Handicap-Hunde und »Ich-soll-nicht-springen«-Hunde ins Leben gerufen. Es geht um nichts, nur um den Spaß. Auch hier besteht die Gefahr, dass sich der Border Collie hochschraubt. Wir steuern da von Anfang an dagegen.

Flyball

Beim Flyball wird eine Ballwurfmaschine eingesetzt, die vom Hund ausgelöst wird. Um zur Maschine zu gelangen, müssen die Hunde über Hürden springen, die Maschine auslösen, den ausgeworfenen Ball fangen und über die Hürden zurück zum Halter bringen.

Info: Hier wird nichts gefördert, außer dem Erregungslevel. Dieser Sport ist meiner Meinung nach nicht empfehlenswert für einen Border Collie. Durch das Springen und das abrupte Abstoppen werden zudem die Gelenke stark belastet. Ein regelmäßiger Gesundheitscheck ist angebracht.

Frisbee/Dog Frisbee/Discdogging

Hier ist (fast) alles erlaubt. Springen, Tricks, Choreo, Freestyle, mit Musik und ohne. Der Hund ist ständig in Bewegung. Hier muss der Halter das Werfen, Frisbeerollen usw. lernen und gut beherrschen. Auch das richtige Timing ist von Vorteil.

Info: Frisbee ist eine körperliche Belastung für den Hund. Ein regelmäßiger Gesundheitscheck ist wichtig. Hier geht es um schneller, höher, weiter. Diese Sportart macht dem Border Collie sehr viel Spaß, weil sie voller Action ist. Achtung Suchtgefahr, da der Border Collie ohne Bremse der »Beute« hinterherjagen darf.

Dummytraining

Das ist eine Beschäftigung für Apportierhunde. Es ist eine sehr anspruchsvolle Aufgabe, die ich für Retriever und andere apportierfreudige Hunde definitiv empfehle.

Info: Dummytraining kann man natürlich auch mit dem Border Collie machen. Apportieren ist allerdings nicht die Passion eines Hütehundes. Dummytraining ist auf alle Fälle anspruchsvoll und besser als stupides Bällchenwerfen für den Hund.

Boomern

Boomerbälle sind Hartbälle, in die der Hund nicht reinbeißen kann. Boomern ist nichts anderes als Bälle zu schubsen. Es werden Tunnel zum Durchschubsen der Bälle, Hütchen, Bäume, Tonnen zum Umrunden (mit Ball) eingesetzt. Es sind auch mehrere Bälle vorhanden, zwischen denen der Hund auf Ansage wechseln soll. Es wird vom Halter weg- und auch

Die wilden Bälleschubser: Briard Iovis und seine Halterin Ute.

zum Halter hingearbeitet. Hat der Halter den Ball, geht der Hund automatisch in den Stopp, der Ball ist tabu.

Info: Boomern macht dem Border Collie großen Spaß. Es ist eine schöne geistige und körperliche Beschäftigung für ihn. Der Hund muss dabei dauerhaft ansprechbar und kontrollierbar bleiben. Auch bei dieser Sportart muss das Erregungslevel des Border Collies im Auge behalten werden. Bälle schubsen ist kein Ersatz für die Hütearbeit.

Longieren

Was wird dafür gebraucht? Ein Longierkreis, der Hund läuft außen, der Halter befindet sich innen. Der Halter führt den Hund um den Kreis. Die Distanz zum Hund wird vergrößert. Es gibt hier viele

Möglichkeiten in der Trainingsgestaltung. Hundetrainer können sich dabei voll ausleben. Man kann mehrere Kreise für einen Wechsel verwenden, Hindernisse einsetzen, Tempowechsel einbauen und, und, und!

Info: Das Longieren ist eine tolle Sache und man hat dabei verschiedene Möglichkeiten, den Border Collie ruhig und trotzdem mit viel Spaß zu beschäftigen. Daumen hoch!

Zielobjektsuche – ZOS

Bei dieser Beschäftigungsform werden Gegenstände vom Hund gesucht und ganz ruhig durch Andocken seiner Nase angezeigt.

Info: Der Begriff ZOS ist markenrechtlich geschützt. Nur lizenzierte ZOS-Trainer mit entsprechender Ausbildung dürfen diese Bezeichnung verwenden. ZOS ist eine gute Beschäftigung für Border Collies, da ein Überdrehen hier

Katrin und Malinois-Mix Clooney: Kreiseln in der schönen Eifel.

Klebenase Heli findet und »klebt«.

»eigentlich« nicht möglich ist. Das Training läuft sehr ruhig und strukturiert ab. Daumen hoch!

Mantrailing

Personensuche anhand einer Geruchsspur, eine Kombination aus Bewegung und Nasenarbeit. Mantrailing ist sehr anspruchsvoll und sollte deshalb nicht übertrieben werden.

Info: Mantrailing ist eine tolle Sache für den Hund. Man braucht dazu verschiedene Helfer. Einfach ausprobieren, ob Ihr Border Collie Lust darauf hat.

Fährten

Fährten ist das Gegenstück zum Trailen. Sie brauchen dazu keine Helfer und können es auch alleine machen.
Aber erst dann, wenn Sie das »Fährtentreten« beherrschen.

Columbo übt sich im Fährtenlesen.

Info: Nicht einfach loslegen. Besuchen Sie erst einen guten Fährtenkurs. Zum Fährten gehört mehr, als ein paar Wurststücke zu verstreuen. Das Tempo des Hundes bei der Suche wird vom Hundehalter durch die Fährtenleine reguliert. Der Weg (die Suche) ist das Ziel. Es ist eine gute und ruhige Arbeit, wenn man es richtig macht.

Hoopers

Der Hund wird auf Distanz über Kommandos durch einen Parcours mit Hoops (Rundbögen), Gates, Tunnel und Tonnen geführt. Der Hundehalter bleibt auf einer Stelle und hat nur einen kleinen Radius, in dem er sich bewegen darf. Es ist für manche Hundehalter eine große Herausforderung, in diesem Radius zu bleiben.

Info: Hoopers ist eine schöne Distanzarbeit und auch gut für Hundehalter mit Handicap durchführbar. Auch hier muss das Erregungslevel des Border Collies im Auge behalten werden.

Freestyle Suchen und Finden

Toll sind dabei Sachen, die der Hund anzeigen oder bringen muss. Es kann eine Nachsuche von verlorenen Gegenständen gemacht werden. Es kann ein Trümmerfeld aufgebaut und mehrere Gegenstände darin versteckt werden, die der Hund dann finden und bringen oder anzeigen muss.

Seven sucht, eskaliert und findet.

Info: Bei dieser Beschäftigungsform gibt es unendlich viele Gestaltungsmöglichkeiten. Der Fantasie sind keine Grenzen gesetzt. Erlaubt ist alles, was Spaß und zufrieden macht. Kleine Anmerkung für Helikopter-Hundehalter: Lassen Sie Ihren Hund selbst suchen, er kann das.

Der Clicker

Der Clicker hat die Aufgabe, ein Verhalten genau zu markieren. Durch den Click wird das Verhalten auf den Punkt bestätigt (dazu braucht der Halter ein gutes Timing). Das Verhalten des Hundes wird konditioniert.

Info: Der Clicker ist kleines emotionsloses Teil, eigentlich ... Aber er ist ein absoluter Verstärker des Belohnungssystems und kann beim Border Collie eine Lawine lostreten. Man sollte dem Clicker mit Respekt begegnen. Er wird gerne als

Ranger sucht, findet und bringt.

Allzweckwaffe eingesetzt und schnell kann ein falsches Verhalten konditioniert werden.

Im Alltag hat der Clicker nichts verloren. Ausnahme: siehe Kapitel »Der Border Collie, wenn es nicht einfach ist«. Was die richtige Beschäftigung für Ihren Border Collie ist, lässt sich pauschal nicht sagen. Mein Rat: Ausprobieren, auf den Hund achten, und nichts übertreiben.

Manchmal ist gar nichts zu machen die bessere Wahl: und Tschüss.

Der Border Collie im Hundesport

Das Lob und die Motivation sollen vom Halter kommen, die Bereitschaft vom Border Collie. Nicht vom Jackpot.

Der berühmte Jackpot oder die Motivation über Futter und Spielzeug. Hier stelle ich gleich mal die Frage: Muss das sein? Wir sprechen von Border Collies, die für ihr Leben gerne arbeiten. Warum müssen diese Hunde mit Spielzeug und Futter motiviert oder besser übermotiviert werden?

Klar, Futter und Spielzeug sind Verstärker, durch die die Bereitschaft, etwas zu tun, gesteigert wird. Aber leider auch sehr schnell übersteigert. Eine hohe Motivationslage wird durch noch mehr Motivation bedient.
Einem Border Collie, der eh schon über die Agility-Hürden tobt wie ein Irrer, braucht man am Ende nicht noch ein Spieli werfen. Hier ist nicht mehr der Weg das Ziel, sondern das Ziel das Ziel, durch den Jackpot am Ende.
Es ist leider bei vielen Hundesportarten so, dass der Border Collie die Beschäftigung an sich gar nicht mehr wahrnimmt, sondern nur noch die Belohnung. Dabei wäre ein gemeinsames Miteinander so schön.

Auch aus der Sicht der Lerntheorie erschließt sich einiges nicht.
Stellen Sie sich ein Dogdance-Turnier vor. Draußen wartet der Helfer mit dem Jackpot in Form eines Spielzeugs oder Futter. Der Hund versemmelt den Auftritt. Ich meine damit nicht durch Fehler, es sind Hunde und keine Maschinen. Er hat einfach wenig Lust, schnüffelt rum, macht ein bisserl mit und das war‘s. Und trotzdem bekommt er danach seinen Jackpot, damit die Motivation erhalten bleibt. Auf was bitte soll die Motivation erhalten bleiben? Der Lernerfolg für den Hund: Alles kann, nix muss, den Jackpot gibt es trotzdem.

Ein anderes Beispiel: Erst wird der Hund auf ein Spielzeug oder Futter »heiß gemacht« und dann soll er sich beherrschen. Die Worte einer Trainerin dazu: »Er muss so heiß auf das Spielzeug sein, dass er alles dafür tut, wir bauen dies dann später wieder ab.« Das ist eine sehr interessante Theorie bei einem Hund wie dem Border Collie.

Wie war das noch? Was man nicht hochfährt, muss man nicht runterfahren

Noch ein Beispiel: Ein Hundehalter geht mit seinem Border Collie an den Start, wedelt dabei schon mit dem Jackpot in Form einer Wurfkordel. Der Border Collie geht in eine angespannte und abgeduckte Haltung. »Wirf es, los, wirf es!« Der Halter übergibt die Kordel dem Trainer. Der Border Collie denkt sich: »Er hat mein Spieli, er hat mein Spieli, ich kann nicht sitzen, er hat mein Spieli, ich kann nicht warten, er hat mein Spieli!« Erster Hinweis vom Trainer: »Beruhig bitte deinen Hund. Schau, dass er sich konzentriert.« Der Halter hat alle Hände voll zu tun, seinem Border klarzumachen, dass er sich konzentrieren soll. Dabei ist der Border doch schon voll konzentriert und zwar auf das Spieli. Endlich bleibt der Hund sitzen, der Halter niest, der Hund ist weg und auf dem Weg zu seinem Spieli

Zumba sucht entspannt.

(ich habe lange überlegt, ob ich in Zeiten von Corona jemanden niesen lassen soll. Aber er niest ja nur in das Buch). Korrektur durch den Hundehalter mit dem Wort »Schade«. Ganz ehrlich, wenn mein Hund ein »Bleib« hat, ich niese und mein Hund dann weg ist, ist das nicht schade, sondern Sch... (mich verlässt gerade meine Impulskontrolle).

Das Wort »Schade« wird eingesetzt, wenn der Hund im Training einen Fehler macht. Man vermeidet hier bewusst das Unterbrechungs-, Verbots- oder Abbruchsignal, um dem Hund die Motivation nicht zu nehmen. Ein Beispiel: Wenn der Hund beim Dogdance beispielsweise das Kommando »Winken« bekommt, aber eine Verbeugung zeigt, macht das Wort «Schade« mehr Sinn, als ein Unterbrechungs-, Verbots- oder Abbruchsignal einzusetzen.

Wenn der Hund aber das Kommando »Winken« bekommt und stattdessen abhaut, um einen Artgenossen zu »verhauen« oder zu begrüßen, dann macht das Wort »Schade« keinen Sinn. Kein Schafhalter würde seinem Border Collie ein »Schade« zurufen, wenn dieser die Schafe durcheinandersprengt oder meint, abhauen zu müssen. Und Sie werden mit Sicherheit auch nicht »Schade« rufen, wenn Ihr Hund auf die Straße läuft. Im Alltag und bei der Erziehung hat das Wort »Schade« nichts zu suchen.

Weiter im Text ... Nach vier Frühstarts und einigen »Schade(n)«, mehrfachen Ansagen, den Hund bitte in die Ruhe zu bringen, einigen fehlerhaften Durchläufen, weil der Hund immer zu früh in Richtung Spieli abgebogen ist, wurde der Parcours auf zwei Geräte verkürzt. Der Hund hat es dann geschafft und bekam seinen Jackpot. Sein Jackpot-Spieli hat er dann wie blöd geschüttelt und auf dem Rückweg zu seinem »Platz« noch schnell einen Artgenossen »verprügelt«. Für mich war dieser Seminartag eine sehr gute Übung für meine Selbst-und Impulskontrolle. Und das ist kein übertrieben dargestellter Einzelfall. Wenn ich so etwas sehe, blutet mein Border-Collie-Herz. Dabei wäre es so einfach. Schauen Sie erst einmal, welchen Typ Hund Sie vor sich haben.

Ruhig oder forsch?

- Hat eine schnelle Reizreaktion und bleibt auf den Reiz fokussiert. Ansprechen nicht möglich (also schon, aber der Hund reagiert nicht).
- Fährt schnell hoch, aber auch schnell runter.
- Bleibt auch bei Ablenkung konzentriert bei Ihnen.
- Neigt zur Übermotivation.
- Neigt zu Attacken bei Frust.
- Niedrige Frustrationstoleranz.

Diese Aufzählung ist erweiterbar. Dies und vieles mehr sollte bei einem Training mit dem Border Collie beachtet werden. Es spricht nichts gegen Spielzeug oder Futter. Wenn man jedoch einen Typ Hund vor sich hat, der zur schnellen Überreaktion neigt, sollte man die Form der Belohnung überdenken.

- Vielleicht ist etwas zum Kauen am Ziel besser, als zusätzlich noch einem Spielzeug hinterherzurennen.
- Vielleicht ist Futter zu viel Motivation und ein ruhig da liegender Ball besser.
- Vielleicht braucht Ihr Hund nur ein Lächeln von Ihnen, weil ihm die Beschäftigung allein schon viel Spaß macht.
- Vielleicht braucht ihr Hund gar keine Belohnung, weil er sich mit dem, was er macht, schon selbst belohnt.

Vicky kann gechillt warten.

Für Queenie hat das ruhige Lob von Carmen einen großen Wert.

- Vielleicht liegt es gar nicht am Jackpot im Ziel, sondern an Ihnen (auch das kommt vor).
- Vielleicht ist es aber auch nicht die richtige Beschäftigung.
- Vielleicht gehört Ihr Border Collie zu den Typen, die gar nicht beschäftigt werden sollen.
- Vielleicht wurde er falsch trainiert.
- Vielleicht fehlen ihm die Grundlagen in der Erziehung.
- Vielleicht reicht es Ihrem Hund, wenn Sie ihn »nur« loben.
- Vielleicht reicht es Ihrem Hund, wenn Sie sich richtig freuen!

Auch hier lässt sich die Aufzählung beliebig erweitern.

WICHTIG

●●●●

Es geht auch kürzer: Passen Sie das Training dem Hund an. Achten Sie auf seine Motivationslage. Und auch mal um die Ecke denken, von Vorgaben abweichen und immer schön flexibel bleiben – so wird es wunderbar klappen. Viele Border-Collie-Halter können dem mit Sicherheit zustimmen.

Der Border Collie, **wenn es nicht einfach ist**

Wer sich einen Spezialisten holt, muss mit seinen Spezialitäten klarkommen.

Taff und seine Spezialität.

Charly ist ausgeglichen.

Ein Border Collie ist kein Hund für Anfänger, heißt es immer wieder. Das kann man nicht pauschalisieren. Es gibt viele erfahrene Hundehalter, die mit ihrem ersten Border Collie überfordert sind. Es gibt aber auch durchaus erfahrene Border-Collie-Halter, die irgendwann an ihren Meister geraten.

Es gibt Border-Collie-Anfänger, die sich an vieles halten und einen tollen Hund an ihrer Seite haben.

Die Wahl des richtigen Züchters und der richtige Umgang mit diesen Hunden sind unerlässlich.

Es gibt bestimmt immer mal Dinge beim Verhalten Ihres Hundes, die Sie etwas auffällig finden, die aber nicht großartig ins Gewicht fallen. Ändert sich jedoch plötzlich Ihre Lebenssituation, dann muss das störende Verhalten behoben werden. Das funktioniert vielleicht bei einem relativ jungen Hund noch einigermaßen. Ein Border Collie, der das störende Verhalten schon über einen längeren Zeitraum hinweg zeigt, wird es nicht mal eben ablegen, wenn überhaupt.

Wenn Sie also etwas am Verhalten Ihres Border Collies komisch finden, dann gehen Sie das Problem sofort an. Warten Sie nicht ab. Holen Sie sich bei auffälligem Verhalten umgehend Unterstützung von einem erfahrenen Hundetrainer.

Columbo: Auch Welpen können Spezialitäten entwickeln.

Taff mit dem irren Blick. Sorry, Anja, Taff ist natürlich nicht irre, aber ich hatte kein anderes Bild. 🙂

Ich kann mich an dieser Stelle nur wiederholen. **Weniger ist nicht nur für den Anfang mehr.** Es geht so schnell, den Border Collie in einen Bereich zu bringen, der für ihn und für seinen Halter oft nicht mehr tragbar ist. Das kann Ihnen übrigens auch noch mit einem erwachsenen Border Collie passieren.
Man darf nicht vergessen, dass sich das Treiben, Umrunden, Anstarren und weitere Verhaltensmuster für den Border Collie gut anfühlen. Er wurde dafür gezüchtet, es liegt in seinen Genen. Wenn dieses Verhalten durch ständiges Wiederholen eines Reizes angekurbelt und nicht in die richtigen Bahnen gelenkt oder nicht unterbrochen wird, entsteht das sogenannte »Suchtverhalten«. Wenn sich etwas für den Hund gut anfühlt, schlägt sein körpereigenes Belohnungssystem zu.

Vergessen Sie nicht: Spiel kann man jederzeit unterbrechen, Sucht nicht.

Was kann man tun?

Vorbeugen ist das Zauberwort. Früh genug gegensteuern durch konsequente Erziehung, vorausschauendes Handeln und Denken. Zum Thema Frühförderung und Bewegungsreize habe ich mich genug geäußert.

Und wenn der Hund schon in den Brunnen gefallen ist?

Piccolina – freiwilliger Einstieg in den Brunnen. (Bild Privatarchiv)

Achtung: Wir sprechen hier bereits von »Suchtverhalten«.

Gerne wird ein vehementer Abbruch des Verhaltens empfohlen (klappt sogar manchmal). Aber oft wird der Hund dadurch nur gehemmt. Suchtverlagerung bis hin zur Selbstzerstörung kann entstehen. Ihr Border Collie braucht eine Alternative oder einen Ersatz.
Ziehen Sie daher immer einen Trainer zu Rate, der Erfahrung mit Border Collies hat, und/oder einen Fachtierarzt für Verhalten. In der Kombination funktioniert das sehr gut. Die Thematik muss vor Ort und nicht per Ferntraining erfasst und behandelt werden. Das Training muss auf den Hund angepasst werden, pauschale Tipps sind in diesem Buch nicht möglich, ich kann hier nur Denkanstöße geben.

- Wie alt ist der Hund und wie lange zeigt er dieses Verhalten schon?
- Wer oder was ist der Auslöser?
- Was wurde im Vorfeld dagegen gemacht?
- Was wurde nicht gemacht?
- Eine Basis für das Training schaffen.
- Gehorsam des Hundes überprüfen.
- Das Mensch-Hund-Team überprüfen.
- Wie viel Ruhe hat der Hund?
- Ruht oder schläft der Hund tagsüber?
- Auszeiten einführen, wenn der Hund sehr wenig schläft.
- Hat er einen festen Platz?
- Ist der Hund alleine in Garten/Hof?
- Ist der Hund sich viel selbst überlassen?
- Finden Spaziergänge statt?
- **Codewort** etablieren (hier ist der
- Clicker hilfreich) - siehe folgender Absatz.
- Ersatz anbieten (auslösenden Reiz mit einem anderen Reiz überdecken), statt des Autos nimm zum Beispiel das Zerrseil.
- Alternativen suchen
- Den auslösenden Reiz fürs erste oder dauerhaft entfernen.
- Beschäftigung runterfahren.
- Beschäftigung hochfahren (nur wenn das Verhalten durch Unterforderung entstanden ist).
- Die auslösenden Örtlichkeiten vorerst meiden.
- Das Verhalten nicht weiter bedienen.
- »Parken«-Decke einführen.
- Runterkommen lernen.
- Auf den Hundetyp achten.
- usw.

Codewort etablieren

Man kennt das ja, dass die gängigen Wörter (Lass es, Lass das, Nein, Aus, Pfui), meist nicht greifen, wenn man diese zu oft benutzt oder nicht nachhaltig genug durchgesetzt hat.
Ein Codewort ist ein Wort, welches man noch nicht verwendet hat. Es kann hilfreich sein, um ein Verhalten zu stoppen und eine Umorientierung an

den Halter zu erreichen. Hier kommt der Clicker zum Einsatz. Der Clicker muss punktgenau eingesetzt und sollte nicht vom Halter, sondern vom Hundetrainer bedient werden. Der Halter hat genug zu tun, sich auf den Hund zu konzentrieren. Der Einsatz des Clickers und der Ablauf währenddessen (Codewort etablieren, Belohnung setzen) wird erst einmal ohne Hund trainiert. Das Timing muss sitzen. Dann erst kommt der Hund dazu. Wenn alles passt, geht man den Kern des Ganzen an. Hierbei immer darauf achten, dass der Border Collie jederzeit ansprechbar bleibt und auf das Codewort reagiert. Nicht zu schnell aufs Ganze gehen und immer mit Erfolg abschließen.

Aus dem Hundetrainer-Nähkästchen ...

Katharina und Border Collie Ben, 3 Jahre alt

Anruf von Katharina: Ihr Hund schläft tagsüber sehr wenig und beobachtet sie die ganze Zeit. Auch die anderen Familienmitglieder werden beobachtet. Der Hund wäre aber dabei weder hektisch, noch extrem angespannt. Nur bei Anwesenheit des ältesten Sohnes ist eine Angespanntheit des Hundes zu bemerken. Der studiert aber und wäre nur von Freitag bis Sonntag zuhause. Da Katharina (wir kennen uns schon länger) bereits den dritten Border Collie hat, machte ihr das Verhalten Sorgen und sie bat mich um einen Hausbesuch. Es war so, wie sie es geschildert hatte. Der Border Collie war aufmerksam beobachtend, aber weder hektisch, noch extrem angespannt. Er lag zwar, zur richtigen Ruhe fand er aber nicht. Als der Sohn nach Hause kam, veränderte sich das Verhalten etwas. So lange dieser mit im Raum war, blieb der Hund angespannt liegen, aber wenn der Sohn den Raum verließ, lief er ihm sofort nach. Auch das hatte Ben zuvor nicht gemacht. Ben wird nicht gearbeitet, da er zu den schnell überdrehenden Border Collies gehört, wenn er beschäftigt wird. Man kann ihn überallhin mitnehmen, er ist total unauffällig. Nur wenn man ihm Aufgaben stellt, knallt er ziemlich schnell durch. Ihm tut die »Arbeitslosigkeit« sehr gut! Er hatte dies übrigens schon von klein auf. Während Katharina und die Kinder mit den vorherigen Border Collies einiges im Hundesport gemacht haben, wurde dies bei Ben komplett auf Eis gelegt. Katharina und ihre Familie sind die perfekten Halter für diesen Hund. Zurück zum Thema.

Wir gingen alles durch und kamen auf keine Lösung. Laut allen Familienmitgliedern hat sich nichts geändert. Also Tagebuch führen und in zwei Wochen ein neuer Besuch meinerseits, außer Bens

Verhalten verstärkt sich. Ich liebe übrigens Tagebücher. Hier wird alles mit Datum und Uhrzeit notiert, was auffällig ist.
Nach zwei Wochen folgte ein erneuter Besuch bei Katharina und ihrer Familie. Die Tagebuch-Aufzeichnungen wurden von mir gecheckt.
Es war auffällig, dass Bens Verhalten von Freitag bis Sonntag intensiver war, meist den Sohn betraf, das Verhalten noch bis Dienstag andauerte und sich dann wieder etwas legte. Es muss also mit dem Sohn zusammenhängen. Gespräch mit dem Sohn. Hast du Stress, bist du genervt, nimmst du Drogen? War Katharinas Frage, nicht meine. Alles wurde entrüstet verneint.
Er hätte Ben nur ab und zu was aufräumen lassen. Ihm ist vor Wochen ein Stift runtergefallen und Ben hätte diesen ins Maul genommen. Er hat ihn aufgefordert, diesen abzugeben und der Border Collie hatte das gemacht. Und dann hat er angefangen, Ben »Aufräumen« zu lassen. Der Hund hätte so viel Spaß daran. Anfangs musste er Ben noch das Kommando geben, mittlerweile macht er das vollkommen selbstständig, wenn etwas runterfällt, berichtete der Sohn stolz. Volltreffer! Das war der Knackpunkt.
Es wäre gut gewesen, das weiterhin unter ein Kommando zu stellen. So hätte Ben ab und zu mal was »aufräumen« dürfen. Durch das selbstständige Arbeiten kam Ben in eine Erwartungshaltung – wann fällt wieder etwas runter? Der Sohn gab dann auch zu, dass er Ben öfter mal aus seinem Zimmer sperren musste, weil er anfing, alles »aufzuräumen«, was er irgendwo hinlegte.

Der Trainingsplan

Das Zimmer des Sohnes war ab sofort tabu. Man ließ öfter etwas fallen (der Sohn durfte nichts fallen lassen) und setzte Ben ein Verbotssignal, man klebte Sachen in verschiedenen Räumen auf den Boden (die klebten dann dort einige Tage, wurden abgemacht und neue Sachen wurden hingeklebt), damit Ben diese nicht aufnehmen konnte. Der Ruhebereich wurde wieder aufgebaut.
Es dauerte ganze vier Monate, bis sich Bens Verhalten wieder stabilisierte und er richtig ruhen und schlafen konnte. Das Zimmer des Sohnes blieb sechs Monate lang tabu und Ben durfte danach auch nur angeleint dort hinein, um zu testen, ob er wieder in die angespannte Haltung kam. Nachdem er dort keinen Job mehr bekam, legte sich auch hier die Anspannung. Der Ruhebereich blieb für 12 Monate bestehen.
Ich möchte mich hier bei Katharina und ihrer Familie bedanken. Sie haben alles ohne Wenn und Aber durchgezogen … für Ben! Katharina ist sehr Border-Collie-erfahren und hat umgehend reagiert. Auch weil sie wusste, welche Anlagen in Ben schlummern.

Hunde, die den ganzen Tag über immer wieder Aufgaben von ihrem Menschen erhalten, kommen kaum zur Ruhe.
Ich habe im Assistenzhundebereich des Öfteren Anfragen von Haltern, deren Border Collies auffälliges Verhalten zeigen und tagsüber wenig bis gar nicht ruhen oder schlafen.
Hier fällt mir eine Beratung sehr schwer. Die Maßnahmen lassen sich meist nicht mit dem Job des Hundes vereinbaren und der Halter ist auf seinen Hund angewiesen. Eine nicht einfache Situation.
Wenn Sie einem Border Collie beibringen möchten, »aufzuräumen« oder Sie zu unterstützen, zum Beispiel beim Sockenausziehen, oder den Reißverschluss der Jacke aufzumachen, dann setzen Sie das immer unter ein Kommando. Wenn er anfängt, schon jeden Tag darauf zu warten, haben Sie es übertrieben oder er hat Ihnen »geholfen«, ohne dass Sie ihn dazu aufgefordert haben. Machen Sie eine Pause, bis sich Ihr Border Collie nicht mehr dafür interessiert, wenn Sie sich ausziehen. Denken Sie an Ben.

Border-Collie-Hündin Lina, 6 Monate jung, war in diesem Alter bereits ein absoluter Ball-Junkie

Sobald ein Ball irgendwo auftauchte, war sie wie besessen und ihre Halter abgeschrieben. Es ging ihr gar nicht darum, dass jemand den Ball warf. Sie war lieber mit diesem alleine zu Gange. Ein Abnehmen des Balles war fast unmöglich. Zum einen musste man sie einfangen, zum anderen hielt sie den Ball so fest, dass man diesen regelrecht gewaltsam entfernen musste. Nett gemeinte Tauschangebote interessierten sie nicht. Ein Tipp aus einem Border-Collie-Forum, den Hund hungern zu lassen, damit er das Tauschangebot annahm, führte dazu, dass Lina immer dünner und ihr Erregungslevel immer höher wurde. Einen Hund tagelang hungern zu lassen, ist für mich kein nachvollziehbarer Trainingsansatz.

Piccolina hat gelernt, den Ball flachzuhalten, äh abzugeben. (Bild Privatarchiv)

Ein anderer Tipp, den Linas Halter bekamen, war, das Spielzeug zu tauschen. Nun ja, das hat geklappt. Nur dann hielt sie das eingetauschte Spielzeug fest und gab es nicht mehr her.
Ein weiterer Punkt war, dass die Halter das Verhalten als okay empfanden. Es wurde sogar noch gefördert. Denn wenn der Hund alleine bleiben musste, bekam er einen Ball zur Beschäftigung, damit er zuhause nichts kaputt machte. Störend für die Halter wurde es erst, als Lina anfing, Artgenossen massiv anzugehen, wenn sie einen Ball hatte. Und zwar nicht nur, wenn diese an den Ball wollten. Es reichte die bloße Anwesenheit eines anderen Hundes und Lina ging in den Attacke-Modus über.

Trainingsansatz

Erstmal den Hundehaltern den Kopf zurechtrücken und eine intensive Anamnese machen. Dabei kam raus, dass Lina sehr viel sich selbst überlassen war. Die Halter besaßen ein großes Grundstück und der Züchter hatte ihnen gesagt, dass das für den Hund ausreichen würde. Ergebnis: Lina hat sich selbst beschäftigt und der Ball wurde zu einer Art »Wilson« (vielleicht kennen Sie den Hollywood-Film »Cast Away« aus dem Jahr 2000. Er handelt von »Chuck Noland« (gespielt von Tom Hanks), der als einziger Passagier einen Flugzeugabsturz überlebt und auf einer einsamen Insel im Südpazifik strandet. In diesem Film spricht Tom Hanks ständig mit dem Ball namens »Wilson«).
Linas Verhalten anderen Hunden gegenüber war für das Training erstmal nebensächlich. Das war zwar das Thema, welches die Hundehalter gerne »weggehabt« hätten, aber um dies anzugehen, musste einiges andere erst einmal behoben werden. Lina hatte null Gehorsam und ihre Halter waren für Lina ausschließlich Futtergeber, Streichler und Vermieter, mehr nicht. Es war nicht einfach, die Hundehalter von der Notwendigkeit dieser Maßnahmen zu überzeugen. Hat aber dann doch geklappt.

Die ersten Schritte waren:

1. Jegliches Spielzeug wurde aus Linas Leben verbannt (kein Ersatz und keine Alternativen). Zur Erklärung: Lina war sehr jung und hatte den Ball als Beschäftigungsersatz benutzt, da man so gut wie nie mit ihr spazierenging. Bevor man also über ein anderes Beschäftigungsmodul nachdenken konnte, musste man es in diesem Fall erst einmal mit Alltag und Erziehung (das macht auch müde) versuchen.
2. Der Garten war tabu.
3. Basis für das Training schaffen: Es wurde Gehorsam hergestellt mit dem Fokus auf den Rückruf, das Verbotssignal und das Abgeben von Gegenständen.

4. Lange Spaziergänge mit Schleppleinen-**Pflicht** in ballfreien Gegenden.
5. »Parken«-Decke einführen.

Lina hatte mega Spaß an den Spaziergängen und an ihrer Erziehung. Endlich spürte sie Stabilität, Sicherheit, Führsorge und auch das Erfahren von Grenzen. Sie lernte superschnell und ließ sich mit Begeisterung auf ihre Halter ein. An dieser Stelle ein dickes Dankeschön an die Besitzer, Ihr habt für Lina Euren Tagesablauf geändert und alle an einem Strang gezogen.
Nach ca. 12 Wochen hatten sie einen sehr gut folgenden Border Collie, der – man glaubt es kaum – ohne großes Training auf einmal wieder Artgenossen in Ruhe ließ. Oft führt eins zum anderen (manchmal brauchbar, manchmal nicht). Lina ließ sich gut abrufen und befolgte auch das Verbotssignal. Sie bekam zuhause viel zu kauen und zu schlecken (gefüllter, nicht hüpfender und rollender Kong), wenn sie alleine bleiben musste. Ihr Aufenthaltsort wurde dann immer auf einen kleinen Bereich mit Trenngitter begrenzt.
Auch das Abgeben von Dingen klappte schnell. Man hatte nicht mehr wie wild versucht, ihr etwas abzunehmen, sondern sich ausgelassen gefreut, wenn sie etwas hatte. Natürlich lag nichts zur freien Verfügung rum. Es wurde ihr kontrolliert angeboten. Der Hund war an der Leine, damit er nicht damit abhauen konnte. Man begann mit kleinen Büffelhautstangen, die nach nichts schmeckten (glaube ich zumindest. Ich habe sie noch nicht probiert) und freute sich mit ihr. Wie toll sie doch aussehen würde mit der Stange und wie schön sie sei. Es ist egal, was sie sagen, der Tonfall macht die Musik.
Lina war so begeistert über die Begeisterung ihrer Halter, dass sie anfing, ihre Kaustange zu präsentieren. Man konnte hinfassen, nahm sie ihr aber nicht weg. Alles wurde gelobt. Es dauerte nicht lange und Lina präsentierte jedes Mal ihre Kaustange. Der Griff wurde immer weicher und nach drei Wochen ließ sie los. Party im Hause der Lina-Familie. Man trainierte fleißig weiter, belegte es mit einem Kommando und gab dem Hund das Versprechen, dass bei freiwilliger Abgabe immer Party ist. Party war für Lina, dass sich alle freuten, dass sie was Besseres bekam oder das Kaustangerl auch wieder zurück an sie ging. Lina freute sich über alles. Der Hund war sehr kooperativ! Ein Traum!
Die Tochter fing in der Hundeschule, die Linas Training begleitete, mit der Beschäftigungsmöglichkeit »Longieren« an. Das war genial, denn die Trainer wussten von Linas negativer Leidenschaft. Die kleine Hündin war auch da mit Feuereifer dabei und stets ansprechbar. Nachdem sämtliche anderen Reize gut kontrollierbar waren und von Lina zum Teil sogar ausgeblendet wurden, auch wenn sie nicht im Arbeitsmodus war, kam nach fünf Monaten intensivem Training der erste Ball ins Spiel.

Den Ball hatte die Trainerin nur in der Hand. Kein Werfen, kein Rollen. Man begann wie immer mit ganz kleinen Schritten. Lina war interessiert, blieb aber bei ihrer Halterin und longierte gut weiter. Immer wieder wurde während des Trainings der Ball ins Spiel gebracht. **Achtung:** Der Border Collie denkt mit. Es kann passieren, dass der Hund dem Longieren entgegenfiebert, weil dort immer mal der Ball auftaucht. Es kann aber auch sein, dass der Ball am Hundeplatz ignoriert wird, woanders aber nicht. Immer um die Ecke denken!

Beim ersten Ballwurf wollte Lina hinterher, ließ sich aber sofort zurückrufen und orientierte sich an ihrem Halter. Die Orientierung am Halter ist sehr wichtig. Es ist schön, wenn sich der Hund stoppen und abrufen lässt. Es bringt aber nichts, wenn er dann noch mit allen Sinnen beim Ball ist und immer wieder korrigiert und motiviert werden muss, beim Halter zu bleiben. Lina hatte zwar den Ball noch im Kopf, ließ sich aber komplett auf ihren Halter ein, als der etwas anderes von ihr wollte.

Nach einem achtmonatigen Training wurde der Ball für Lina tatsächlich zur Nebensache. Die Thematik mit den Artgenossen hatte sich von selbst erledigt. Lina konnte sogar auf ihrer »Parken«-Decke pennen, wenn neben ihr jemand mit einem Fußball spielte. Lina wird immer ein »Bleiben-Sie-Dran«-Hund bleiben, der Kontrolle und Führung durch seinen Menschen braucht.

Mogli, Border-Collie-Rüde, 4,5 Jahre

Mogli ist ein superlieber und total unauffälliger Border-Collie-Rüde. Nicht hektisch, freundlich mit allen Artgenossen, sehr menschenbezogen, ein mega Kuschler, mit gemütlichem Gehorsam (ich liebe diese Bezeichnung).

Mogli ist kein Spielzeug-Fanatiker (wurde auch nie gefördert). Auch Spielzeug, das rumlag, schleppte er mal durch die Gegend, hatte aber seine Halter nie damit belästigt.

Eines Abends kam Mogli mit einem Spielzeug an und legte es auf die Couch. Der Halter nahm das Spielzeug und warf es

Mogli, Mogli … Bitte erhobenen Schimpfe-Zeigefinger mental einfügen.

von der Couch. Das fand Mogli so cool, dass er es nochmal probierte. Er setzte sich mit dem Spieli vor seinen Halter und forderte diesen auf, es doch noch einmal zu werfen. Ein Ignorieren interessierte Mogli nicht, er fing an zu bellen. Er wurde mit einem »Nein« unterbrochen und das Spieli wurde weggelegt. Das reichte aber nicht. Das Spieli musst so weit weg, dass es außer Sicht für den Hund war. Für diesen Abend war das Thema dann gegessen. Nicht so an zwei folgenden Abenden. Diesmal half ein Ignorieren, Mogli stellte seine Forderung ein und wurde wieder der »Alte«. Für seine Halter war dies ein absolutes Aha-Erlebnis und auch eine Warnung, wie schnell sich ein Verhalten entwickeln kann.

Liebe Border-Collie-Halter

Informieren Sie sich nicht bei Hinz und Kunz, wenn Ihr Hund ein Problem mit Ihnen (oder andersherum) hat. Halten Sie sich an erarbeitete Trainingspläne. Führen Sie Tagebuch, damit Sie auch die kleinen Erfolge erkennen. Lassen Sie sich filmen und besprechen Sie die Aufnahmen mit Ihrem Trainer und nicht mit Facebook-Gruppen! Hinterfragen Sie die Bedürfnisse Ihres Hundes und stellen Sie Ihre eigenen auch mal hinten an.
Üben Sie sich in Geduld, Geduld und nochmals in Geduld. Haben Sie auch den Biss, dran zu bleiben. Machen Sie immer nur einen Schritt und dann den nächsten. Habe ich die Geduld schon erwähnt? Lassen Sie Ratschläge von anderen an sich abprallen. Wenn Sie ständig etwas Neues ausprobieren, dann signalisieren Sie Ihrem Hund nur, dass Sie keinen Plan haben. Ihr Hund muss Ihnen auch nicht leid tun, wenn er etwas nicht darf oder etwas machen soll, Sie tun ihm nämlich auch nicht leid. Bleiben Sie konsequent und planbar. Sie müssen Ihren Hund erstmal davon überzeugen, dass Sie es auch wirklich ernst meinen und eine Veränderung wollen. Er wird es Ihnen zu Beginn des Trainings nämlich nicht glauben.

Liebe Hundetrainer

In Zeiten des Internets und der unzähligen Bewertungsportale versucht man es den Hundehaltern recht zu machen, um eine schlechte Bewertung zu vermeiden. Das ist grundsätzlich nachvollziehbar, wenn Sie jedoch sehen, dass die Bedürfnisse des Hundes konträr zu denen des Halters stehen, müssen Sie zum Wohle des Hundes handeln. Seien Sie höflich, respektvoll und ehrlich (das kann sich manchmal beißen).

Der erwachsene Border Collie

Es ist sehr wichtig, dass Sie das Leben Ihres Border Collies von Welpenbeinchen an in die richtigen Bahnen lenken (ich weiß, ich wiederhole mich). Bedenken Sie: Hat er seine eigene Lebensphilosophie entwickelt, kann das eine große Herausforderung für Sie werden.

Wenn Ihr erwachsener Border Collie gechillt durchs Leben geht, stehen Ihnen alle Beschäftigungs-Türen offen. Kleiner Tipp am Rande: Behalten Sie »Mogli« im Hinterkopf. Was aber, wenn Sie einen bereits erwachsenen Border Collie übernehmen?

Der erwachsene Rüde Wolfi hat die Lebensphilosophie zusammen mit seiner Familie entwickelt.

Den oft zitierten Spruch »Der Hund lebt im Hier und Jetzt« kann ich nicht bestätigen. Ein erwachsener Hund zieht nicht bei Ihnen ein und denkt sich: »Cool, ein Neubeginn. Da lege ich doch mal meine alten Verhaltensweisen ab und lasse mich komplett auf alles Neue ein.«
Das wäre schön, ist aber nicht so.
Der erwachsene Hund bringt seine Geschichte mit. Vielleicht hat er aber auch eine sehr gute Geschichte und ist ein Traum von Hund. Gibt es auch, aber vielleicht nicht ganz so oft.
Es ist bei der Übernahme eines erwachsenen Hundes ein sehr großer Vorteil, wenn Sie von seiner Geschichte wissen oder diesen Hund kennen oder ihn, vor der Übernahme, über einen längeren Zeitraum kennenlernen konnten. Dementsprechend wissen Sie im Vorfeld schon, was Sie erwarten könnte oder wird.

Das Kennenlernen braucht Zeit. Was jedoch nicht heißt, dass der Hund tun und lassen kann, was er möchte. Handeln Sie stets konsequent und vorausschauend. Überschütten Sie ihn nicht mit einem Topf voll Gold. Er könnte sich die Krone rausholen und aufsetzen. Beobachten Sie ihn. Vermeiden Sie am besten in der ersten Zeit Situationen, in denen es brenzlig werden könnte.
Bedrängen Sie ihn nicht. Lassen Sie ihn in Ruhe, wenn er auf seiner Decke liegt. Machen Sie nicht jeden Raum für ihn zugänglich. Bieten Sie ihm Kauknochen an, die er zügig wegknabbern kann. Es sollten keine Kauartikel rumliegen. Bieten Sie ihm kein Spielzeug an. Besucher sollten ihn in Ruhe lassen. Richten Sie eine Ruhezone für ihn ein. Räumen Sie nach dem Fressen seine Futterschüssel weg. Machen Sie ein Geschirr und eine dünne Hausleine an den Hund, damit jederzeit ein Zugriff auf Abstand möglich ist, wenn es notwendig wird. Leinen Sie ihn beim Spaziergang nicht ab. Gehen Sie fürs Erste dort spazieren, wo es ruhig ist. Sie wissen nicht, wie er auf Personen und Artgenossen reagiert.
Es wird dauern, bis er eine Bindung zu Ihnen aufbauen wird. Erleichtern Sie ihm das. Finden Sie heraus, was er braucht. Stützen Sie sich nicht nur auf das, was nicht klappt. Verstärken Sie das, was gut klappt. Lassen Sie sich von kompetenten Fachleuten unterstützen.

Joy ist der Meinung: Hungern geht gar nicht.

Der weise Border Collie

Border Collies bleiben auch in einem hohen Alter aktiv, wollen ungern in Rente gehen und »schwindeln« somit ihrem Halter ewige Jugend vor.
Haben Sie ein Auge auf Ihren Border Collie und hören Sie (dass ich das noch mal schreiben würde. Erst Ohrstöpsel und Scheuklappen und nun das) auf andere, wenn sie sagen, dass der Hund nicht mehr »so rund läuft« und man ihm vielleicht nicht mehr so viel zumuten sollte. Man selbst blendet das gerne aus. Achten Sie gut auf den Bewegungsapparat Ihres Hundes. Wie bewegt er sich nach einem Spaziergang? Wie steht er nach einer Ruhephase auf? Braucht er wirklich noch lange Spaziergänge am Tag oder wären mehrere kurze besser? Passen Sie die Aktivitäten dem Hund an. Schicken Sie Ihren Hund nicht spontan in Rente.

GUT ZU WISSEN

Da es leider immer wieder empfohlen wird: Bindung kann man nicht erfüttern. Lassen Sie den Hund keinesfalls hungern, damit er mit Ihnen kooperiert.

A bisserl was geht immer. Seniorin Scully mit Taff, ihrem jugendlichen Liebhaber.

Seniorin Scully steht noch gut da für ihr Alter.

Es gibt so viele tolle Beschäftigungsmöglichkeiten für Senioren. Achten Sie darauf, ob Ihr Hund wirklich noch Lust auf mehr hat oder ob er nicht nur Ihnen zuliebe aktiv ist. Sie können es testen, indem Sie ein paar Sachen weglassen. Wie reagiert Ihr Hund?

Wenn er schlecht hört oder sieht, nehmen Sie ihn bitte an die Leine. Ich hoffe, dass Ihr Hund das akzeptiert, weil er es gelernt hat.

Wenn er schlecht sieht, verrücken Sie bitte nicht ständig die Möbel in Ihrer Wohnung. Schlecht sehende Hunde haben oft feste Laufstrecken im Haus. Sprechen Sie Ihren Hund an, bevor Sie ihn berühren, damit er nicht erschrickt. Wenn er schlecht hört, erschrecken Sie ihn nicht mit spontanen Berührungen. Suchen Sie erst seinen Blickkontakt. Beobachten Sie Ihren Hund bei

Fit im Alter - Seniorin Vicky.

Seniorin Scully: Diesen Blickkontakt sucht man gerne.

Vicky hat Spaß am Suchen.

Kontakten mit Artgenossen. Wenn Hunde nicht mehr gut sehen und hören, nehmen sie Drohsignale nicht mehr wahr. Schützen Sie Ihren Hund.

Ältere Hunde sind anfälliger für Hitze und Kälte. Achten Sie darauf. Gönnen Sie ihnen regelmäßige Rundum-Check-ups beim Tierarzt und passen Sie gegebenenfalls ihre Ernährung neu an.

Sie beide kennen sich in- und auswendig, Absprachen sind nicht mehr notwendig. Jeder weiß, wie der andere tickt. Genießen Sie jede Minute mit Ihrem weisen Border Collie.

Shadow, der Seelenhund …

Zu guter Letzt

Endlich mal etwas Positives (für Gudrun):
Jetzt kommt der mit Sonne und Glitzer durchflutete Text.
Ich bin Border-Collie-süchtig. Ich liebe diese Hunde. Und ich gehöre zu den Menschen, die die Lebenslust, die Auffassungsgabe, die Bereitschaft, etwas mit seinem Menschen zu machen, die Schnelligkeit, das freundliche und verschmuste Wesen und die Kooperationsbereitschaft dieser Hunde so sehr schätzen.
Geben Sie Ihrem Border Collie die Möglichkeit, das zu werden, was er sein kann: ein toller Begleiter an Ihrer Seite.

Ihre Dagmar Lang-Vetter

P.S. Ava und Mia sind die eingeschmuggelten Australian Shepherds.

Lucy und ihre Familie.

Danke

Ich bedanke mich bei allen Border Collies und deren Halter*innen für ihr Mitwirken, die Unterstützung und Spontanität. Ohne euch hätte ich das Buch nicht so persönlich gestalten können.

Danke an die liebe Petra Krivy, deren Hartnäckigkeit mich zum Schreiben brachte. Ohne sie gäbe es das Buch nicht.

Ein großer Dank auch an meine Fotografin Petra, genannt Fiedi, für die tollen Fotos, die dem Nebel, dem Schnee und dem Regen trotzte und ihre Friseur-, Zahnarzt- und Optiker-Termine immer wieder verschoben hatte in der leider erfolglosen Hoffnung auf schönes Fotowetter (www.WauPix.de).

Working Fiedi

Zu guter Letzt gilt mein größter Dank meiner Familie, die mir während der Schreibzeit den Rücken freigehalten hat.